한솔 완벽한 연산

수학은 마라톤입니다.
지금 여러분은 출발 지점에 서 있습니다.
초등학교 저학년 때는
수학 마라톤을 잘 하기 위해
기초 체력을 튼튼히 길러야 합니다.

한솔 완벽한 연산으로 시작하세요.
마라톤을 잘 뛸 수 있는 완벽한 연산 실력을 키워줍니다.

한솔스쿨

왜 완벽한 연산인가요?

기초 연산은 물론, 학교 연산까지 이 책 시리즈 하나면 완벽하게 끝나기 때문입니다. '한솔 완벽한 연산'은 하루 8쪽씩, 5일 동안 4주분을 학습하고, 마지막 주에는 학교 시험에 완벽하게 대비할 수 있도록 '연산 UP' 16쪽을 추가로 제공합니다.

매일 꾸준한 연습으로 연산 실력을 키우기에 충분한 학습량입니다.

'한솔 완벽한 연산' 하나면 기초 연산도 학교 연산도 완벽하게 대비할 수 있습니다.

 몇 단계로 구성되고, 몇 학년이 풀 수 있나요?

모두 6단계로 구성되어 있습니다.

'한솔 완벽한 연산'은 한 단계가 1개 학년이 아닙니다. 연산의 기초 훈련이 가장 필요한 시기인 초등 2~3학년에 집중하여 여러 단계로 구성하였습니다.

이 시기에는 수학의 기초 체력을 튼튼히 길러야 하니까요.

단계	권장 학년	학습 내용
MA	6~7세	100까지의 수, 더하기와 빼기
MB	초등 1~2학년	한 자리 수의 덧셈, 두 자리 수의 덧셈
MC	초등 1~2학년	두 자리 수의 덧셈과 뺄셈
MD	초등 2~3학년	두·세 자리 수의 덧셈과 뺄셈
ME	초등 2~3학년	곱셈구구, (두·세 자리 수)×(한 자리 수), (두·세 자리 수)÷(한 자리 수)
MF	초등 3~4학년	(두·세 자리 수)×(두 자리 수), (두·세 자리 수)÷(두 자리 수), 분수·소수의 덧셈과 뺄셈

책 한 권은 어떻게 구성되어 있나요?

✎ 책 한 권은 모두 4주 학습으로 구성되어 있습니다.
한 주는 모두 40쪽으로 하루에 8쪽씩, 5일 동안 푸는 것을 권장합니다.
마지막 5주차에는 학교 시험에 대비할 수 있는 '연산 UP'을 학습합니다.

'한솔 완벽한 연산'도 매일매일 풀어야 하나요?

✎ 물론입니다. 매일매일 규칙적으로 연습을 해야 연산 능력이 향상되기 때문입니다.
월요일부터 금요일까지 매일 8쪽씩, 4주 동안 규칙적으로 풀고, 마지막 주에
'연산 UP' 16쪽을 다 풀면 한 권 학습이 끝납니다.
매일매일 푸는 습관이 잡히면 개인 진도에 따라 두 달에 3권을 푸는 것도 가능
합니다.

하루 8쪽씩이라구요? 너무 많은 양 아닌가요?

✎ '한솔 완벽한 연산'은 술술 풀면서 잘 넘어가는 학습지입니다.
공부하는 학생 입장에서는 빡빡한 문제를 4쪽 푸는 것보다 술술 넘어가는 문제를
8쪽 푸는 것이 훨씬 큰 성취감을 느낄 수 있습니다.
'한솔 완벽한 연산'은 학생의 연령을 고려해 쪽당 학습량을 전략적으로 구성했습니
다. 그래서 학생이 부담을 덜 느끼면서 효과적으로 학습할 수 있습니다.

학교 진도와 맞추려면 어떻게 공부해야 하나요?

 이 책은 한 권을 한 달 동안 푸는 것을 권장합니다.
각 단계별 학교 진도는 다음과 같습니다.

단계	MA	MB	MC	MD	ME	MF
권 수	8권	5권	7권	7권	7권	7권
학교 진도	초등 이전	초등 1학년	초등 2학년	초등 3학년	초등 3학년	초등 4학년

초등학교 1학년이 3월에 MB 단계부터 매달 1권씩 꾸준히 푼다고 한다면 2학년
이 시작될 때 MD 단계를 풀게 되고, 3학년 때 MF 단계(4학년 과정)까지 마무
리할 수 있습니다.
이 책 시리즈로 꼼꼼히 학습하게 되면 일반 방문학습지 못지 않게 충분한 연
산 실력을 쌓게 되고 조금씩 다음 학년 진도까지 학습할 수 있다는 장점이 있
습니다.
매일 꾸준히 성실하게 학습한다면 학년 구분 없이 원하는 진도를 스스로 계획하
고 진행해 나갈 수 있습니다.

'연산 UP'은 어떻게 공부해야 하나요?

 '연산 UP'은 4주 동안 훈련한 연산 능력을 확인하는 과정이자 학교에서 흔히
접하는 계산 유형 문제까지 접할 수 있는 코너입니다.
'연산 UP'의 구성은 다음과 같습니다.

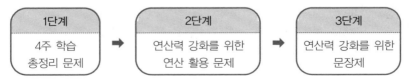

'연산 UP'은 모두 16쪽으로 구성되었으므로 하루 8쪽씩 2일 동안 학습하고, 다
음 단계로 진행할 것을 권장합니다.

 6~7세

권	제목	주차별 학습 내용	
1	20까지의 수 1	1주	5까지의 수 (1)
		2주	5까지의 수 (2)
		3주	5까지의 수 (3)
		4주	10까지의 수
2	20까지의 수 2	1주	10까지의 수 (1)
		2주	10까지의 수 (2)
		3주	20까지의 수 (1)
		4주	20까지의 수 (2)
3	20까지의 수 3	1주	20까지의 수 (1)
		2주	20까지의 수 (2)
		3주	20까지의 수 (3)
		4주	20까지의 수 (4)
4	50까지의 수	1주	50까지의 수 (1)
		2주	50까지의 수 (2)
		3주	50까지의 수 (3)
		4주	50까지의 수 (4)
5	1000까지의 수	1주	100까지의 수 (1)
		2주	100까지의 수 (2)
		3주	100까지의 수 (3)
		4주	1000까지의 수
6	수 가르기와 모으기	1주	수 가르기 (1)
		2주	수 가르기 (2)
		3주	수 모으기 (1)
		4주	수 모으기 (2)
7	덧셈의 기초	1주	상황 속 덧셈
		2주	더하기 1
		3주	더하기 2
		4주	더하기 3
8	뺄셈의 기초	1주	상황 속 뺄셈
		2주	빼기 1
		3주	빼기 2
		4주	빼기 3

MB 초등 1 · 2학년 ①

권	제목	주차별 학습 내용	
1	덧셈 1	1주	받아올림이 없는 (한 자리 수)+(한 자리 수) (1)
		2주	받아올림이 없는 (한 자리 수)+(한 자리 수) (2)
		3주	받아올림이 없는 (한 자리 수)+(한 자리 수) (3)
		4주	받아올림이 없는 (두 자리 수)+(한 자리 수)
2	덧셈 2	1주	받아올림이 없는 (두 자리 수)+(한 자리 수)
		2주	받아올림이 있는 (한 자리 수)+(한 자리 수) (1)
		3주	받아올림이 있는 (한 자리 수)+(한 자리 수) (2)
		4주	받아올림이 있는 (한 자리 수)+(한 자리 수) (3)
3	뺄셈 1	1주	(한 자리 수)−(한 자리 수) (1)
		2주	(한 자리 수)−(한 자리 수) (2)
		3주	(한 자리 수)−(한 자리 수) (3)
		4주	받아내림이 없는 (두 자리 수)−(한 자리 수)
4	뺄셈 2	1주	받아내림이 없는 (두 자리 수)−(한 자리 수)
		2주	받아내림이 있는 (두 자리 수)−(한 자리 수) (1)
		3주	받아내림이 있는 (두 자리 수)−(한 자리 수) (2)
		4주	받아내림이 있는 (두 자리 수)−(한 자리 수) (3)
5	덧셈과 뺄셈의 완성	1주	(한 자리 수)+(한 자리 수), (한 자리 수)−(한 자리 수)
		2주	세 수의 덧셈, 세 수의 뺄셈 (1)
		3주	(한 자리 수)+(한 자리 수), (두 자리 수)−(한 자리 수)
		4주	세 수의 덧셈, 세 수의 뺄셈 (2)

MC 초등 1 · 2학년 ②

권	제목		주차별 학습 내용
1	두 자리 수의 덧셈 1	1주	받아올림이 없는 (두 자리 수)+(한 자리 수)
		2주	몇십 만들기
		3주	받아올림이 있는 (두 자리 수)+(한 자리 수) (1)
		4주	받아올림이 있는 (두 자리 수)+(한 자리 수) (2)
2	두 자리 수의 덧셈 2	1주	받아올림이 없는 (두 자리 수)+(두 자리 수) (1)
		2주	받아올림이 없는 (두 자리 수)+(두 자리 수) (2)
		3주	받아올림이 없는 (두 자리 수)+(두 자리 수) (3)
		4주	받아올림이 없는 (두 자리 수)+(두 자리 수) (4)
3	두 자리 수의 덧셈 3	1주	받아올림이 있는 (두 자리 수)+(두 자리 수) (1)
		2주	받아올림이 있는 (두 자리 수)+(두 자리 수) (2)
		3주	받아올림이 있는 (두 자리 수)+(두 자리 수) (3)
		4주	받아올림이 있는 (두 자리 수)+(두 자리 수) (4)
4	두 자리 수의 뺄셈 1	1주	받아내림이 없는 (두 자리 수)-(한 자리 수)
		2주	몇십에서 빼기
		3주	받아내림이 있는 (두 자리 수)-(한 자리 수) (1)
		4주	받아내림이 있는 (두 자리 수)-(한 자리 수) (2)
5	두 자리 수의 뺄셈 2	1주	받아내림이 없는 (두 자리 수)-(두 자리 수) (1)
		2주	받아내림이 없는 (두 자리 수)-(두 자리 수) (2)
		3주	받아내림이 없는 (두 자리 수)-(두 자리 수) (3)
		4주	받아내림이 없는 (두 자리 수)-(두 자리 수) (4)
6	두 자리 수의 뺄셈 3	1주	받아내림이 있는 (두 자리 수)-(두 자리 수) (1)
		2주	받아내림이 있는 (두 자리 수)-(두 자리 수) (2)
		3주	받아내림이 있는 (두 자리 수)-(두 자리 수) (3)
		4주	받아내림이 있는 (두 자리 수)-(두 자리 수) (4)
7	덧셈과 뺄셈의 완성	1주	세 수의 덧셈
		2주	세 수의 뺄셈
		3주	(두 자리 수)+(한 자리 수), (두 자리 수)-(한 자리 수) 종합
		4주	(두 자리 수)+(두 자리 수), (두 자리 수)-(두 자리 수) 종합

MD 초등 2 · 3학년 ①

권	제목		주차별 학습 내용
1	두 자리 수의 덧셈	1주	받아올림이 있는 (두 자리 수)+(두 자리 수) (1)
		2주	받아올림이 있는 (두 자리 수)+(두 자리 수) (2)
		3주	받아올림이 있는 (두 자리 수)+(두 자리 수) (3)
		4주	받아올림이 있는 (두 자리 수)+(두 자리 수) (4)
2	세 자리 수의 덧셈 1	1주	받아올림이 없는 (세 자리 수)+(두 자리 수)
		2주	받아올림이 있는 (세 자리 수)+(두 자리 수) (1)
		3주	받아올림이 있는 (세 자리 수)+(두 자리 수) (2)
		4주	받아올림이 있는 (세 자리 수)+(두 자리 수) (3)
3	세 자리 수의 덧셈 2	1주	받아올림이 있는 (세 자리 수)+(세 자리 수) (1)
		2주	받아올림이 있는 (세 자리 수)+(세 자리 수) (2)
		3주	받아올림이 있는 (세 자리 수)+(세 자리 수) (3)
		4주	받아올림이 있는 (세 자리 수)+(세 자리 수) (4)
4	두·세 자리 수의 뺄셈	1주	받아내림이 있는 (두 자리 수)-(두 자리 수) (1)
		2주	받아내림이 있는 (두 자리 수)-(두 자리 수) (2)
		3주	받아내림이 있는 (두 자리 수)-(두 자리 수) (3)
		4주	받아내림이 없는 (세 자리 수)-(두 자리 수)
5	세 자리 수의 뺄셈 1	1주	받아내림이 있는 (세 자리 수)-(두 자리 수) (1)
		2주	받아내림이 있는 (세 자리 수)-(두 자리 수) (2)
		3주	받아내림이 있는 (세 자리 수)-(두 자리 수) (3)
		4주	받아내림이 있는 (세 자리 수)-(두 자리 수) (4)
6	세 자리 수의 뺄셈 2	1주	받아내림이 있는 (세 자리 수)-(세 자리 수) (1)
		2주	받아내림이 있는 (세 자리 수)-(세 자리 수) (2)
		3주	받아내림이 있는 (세 자리 수)-(세 자리 수) (3)
		4주	받아내림이 있는 (세 자리 수)-(세 자리 수) (4)
7	덧셈과 뺄셈의 완성	1주	덧셈의 완성 (1)
		2주	덧셈의 완성 (2)
		3주	뺄셈의 완성 (1)
		4주	뺄셈의 완성 (2)

ME 초등 2 · 3학년 ②

권	제목	주차별 학습 내용	
1	곱셈구구	1주	곱셈구구 (1)
		2주	곱셈구구 (2)
		3주	곱셈구구 (3)
		4주	곱셈구구 (4)
2	(두 자리 수)×(한 자리 수) 1	1주	곱셈구구 종합
		2주	(두 자리 수)×(한 자리 수) (1)
		3주	(두 자리 수)×(한 자리 수) (2)
		4주	(두 자리 수)×(한 자리 수) (3)
3	(두 자리 수)×(한 자리 수) 2	1주	(두 자리 수)×(한 자리 수) (1)
		2주	(두 자리 수)×(한 자리 수) (2)
		3주	(두 자리 수)×(한 자리 수) (3)
		4주	(두 자리 수)×(한 자리 수) (4)
4	(세 자리 수)×(한 자리 수)	1주	(세 자리 수)×(한 자리 수) (1)
		2주	(세 자리 수)×(한 자리 수) (2)
		3주	(세 자리 수)×(한 자리 수) (3)
		4주	곱셈 종합
5	(두 자리 수)÷(한 자리 수) 1	1주	나눗셈의 기초 (1)
		2주	나눗셈의 기초 (2)
		3주	나눗셈의 기초 (3)
		4주	(두 자리 수)÷(한 자리 수)
6	(두 자리 수)÷(한 자리 수) 2	1주	(두 자리 수)÷(한 자리 수) (1)
		2주	(두 자리 수)÷(한 자리 수) (2)
		3주	(두 자리 수)÷(한 자리 수) (3)
		4주	(두 자리 수)÷(한 자리 수) (4)
7	(두·세 자리 수)÷(한 자리 수)	1주	(두 자리 수)÷(한 자리 수) (1)
		2주	(두 자리 수)÷(한 자리 수) (2)
		3주	(세 자리 수)÷(한 자리 수) (1)
		4주	(세 자리 수)÷(한 자리 수) (2)

MF 초등 3 · 4학년

권	제목	주차별 학습 내용	
1	(두 자리 수)×(두 자리 수)	1주	(두 자리 수)×(한 자리 수)
		2주	(두 자리 수)×(두 자리 수) (1)
		3주	(두 자리 수)×(두 자리 수) (2)
		4주	(두 자리 수)×(두 자리 수) (3)
2	(두·세 자리 수)×(두 자리 수)	1주	(두 자리 수)×(두 자리 수)
		2주	(세 자리 수)×(두 자리 수) (1)
		3주	(세 자리 수)×(두 자리 수) (2)
		4주	곱셈의 완성
3	(두 자리 수)÷(두 자리 수)	1주	(두 자리 수)÷(두 자리 수) (1)
		2주	(두 자리 수)÷(두 자리 수) (2)
		3주	(두 자리 수)÷(두 자리 수) (3)
		4주	(두 자리 수)÷(두 자리 수) (4)
4	(세 자리 수)÷(두 자리 수)	1주	(세 자리 수)÷(두 자리 수) (1)
		2주	(세 자리 수)÷(두 자리 수) (2)
		3주	(세 자리 수)÷(두 자리 수) (3)
		4주	나눗셈의 완성
5	혼합 계산	1주	혼합 계산 (1)
		2주	혼합 계산 (2)
		3주	혼합 계산 (3)
		4주	곱셈과 나눗셈, 혼합 계산 총정리
6	분수의 덧셈과 뺄셈	1주	분수의 덧셈 (1)
		2주	분수의 덧셈 (2)
		3주	분수의 뺄셈 (1)
		4주	분수의 뺄셈 (2)
7	소수의 덧셈과 뺄셈	1주	분수의 덧셈과 뺄셈
		2주	소수의 기초, 소수의 덧셈과 뺄셈 (1)
		3주	소수의 덧셈과 뺄셈 (2)
		4주	소수의 덧셈과 뺄셈 (3)

주별 학습 내용　MD단계 ❻권

받아내림이 있는
(세 자리 수)-(세 자리 수) (1)

1주차

요일	교재 번호	학습한 날짜		확인
1일차(월)	01~08	월	일	
2일차(화)	09~16	월	일	
3일차(수)	17~24	월	일	
4일차(목)	25~32	월	일	
5일차(금)	33~40	월	일	

MD01 받아내림이 있는 (세 자리 수) - (세 자리 수) (1)

● 뺄셈을 하세요.

(1)
```
    1 4 0
  -   3 0
  ───────
```

(5)
```
    3 2 5
  -   1 9
  ───────
```

(2)
```
    2 5 0
  -   2 4
  ───────
```

(6)
```
    3 4 5
  -   2 6
  ───────
```

(3)
```
    2 3 4
  -   1 6
  ───────
```

(7)
```
    2 3 3
  -   2 7
  ───────
```

(4)
```
    3 6 0
  -   4 2
  ───────
```

(8)
```
    3 2 6
  -   1 8
  ───────
```

(9)

```
    4 5 2
  -   1 3
  ───────
```

(13)

```
    4 7 1
  -   6 3
  ───────
```

(10)

```
    5 6 0
  -   3 5
  ───────
```

(14)

```
    5 8 1
  -   3 6
  ───────
```

(11)

```
    5 5 2
  -   4 5
  ───────
```

(15)

```
    4 9 4
  -   1 8
  ───────
```

(12)

```
    4 6 5
  -   3 6
  ───────
```

(16)

```
    5 9 2
  -   5 7
  ───────
```

MD01 받아내림이 있는 (세 자리 수) - (세 자리 수) (1)

● 뺄셈을 하세요.

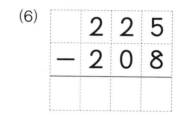

(1)
```
    2  10
   1  3̸  0
 -    2  5
 ─────────
   1  0  5
```

(5)
```
   2  3  4
 - 1  2  6
 ─────────
```

(2)
```
   2  6  0
 -    4  3
 ─────────
```

(6)
```
   2  2  5
 - 2  0  8
 ─────────
```

(3)
```
   2  4  5
 - 1  0  2
 ─────────
```

(7)
```
   2  1  2
 - 2  0  7
 ─────────
```

(4)
```
   1  7  0
 - 1  2  4
 ─────────
```

(8)
```
   2  4  3
 - 1  2  9
 ─────────
```

(9)
```
    2 5 0
  - 1 2 9
  -------
```

(13)
```
    2 7 3
  - 1 5 6
  -------
```

(10)
```
    2 6 1
  - 2 1 5
  -------
```

(14)
```
    2 8 6
  - 1 7 9
  -------
```

(11)
```
    2 5 5
  - 2 3 3
  -------
```

(15)
```
    2 9 8
  - 2 3 9
  -------
```

(12)
```
    2 6 6
  - 1 1 8
  -------
```

(16)
```
    2 9 7
  - 2 1 8
  -------
```

MD01 받아내림이 있는 (세 자리 수) – (세 자리 수) (1)

● 뺄셈을 하세요.

(1)
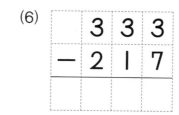

	□	□
3	2̸	4
− 1	1	5

(5)

3	4	1
− 1	3	1

(2)

2	4	0
− 1	3	4

(6)

3	3	3
− 2	1	7

(3)

3	2	0
− 1	1	9

(7)

3	4	2
− 2	2	8

(4)

2	5	0
− 1	3	2

(8)

3	1	5
− 1	0	6

(9)
```
    3 6 2
-   1 3 4
```

(13)
```
    3 5 6
-   2 3 7
```

(10)
```
    3 8 0
-   2 4 3
```

(14)
```
    3 5 2
-   1 2 5
```

(11)
```
    3 7 3
-   2 5 8
```

(15)
```
    3 9 5
-   3 4 7
```

(12)
```
    3 7 4
-   1 2 5
```

(16)
```
    3 8 3
-   3 5 9
```

MD01 받아내림이 있는 (세 자리 수)−(세 자리 수) (1)

● 뺄셈을 하세요.

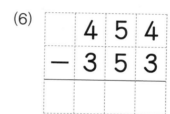

(1)
```
  4 4̷ 2
−   1 2 7
─────────
```

(5)
```
  3 8 0
− 1 4 3
─────────
```

(2)
```
  2 2 0
− 1 0 8
─────────
```

(6)
```
  4 5 4
− 3 5 3
─────────
```

(3)
```
  4 3 6
− 2 1 9
─────────
```

(7)
```
  4 2 1
− 3 1 4
─────────
```

(4)
```
  4 3 0
− 3 2 5
─────────
```

(8)
```
  4 4 5
− 2 1 6
─────────
```

(9)
```
    4 6 3
  - 3 3 5
  ───────
```

(13)
```
    4 6 2
  - 1 4 8
  ───────
```

(10)
```
    4 5 3
  - 4 2 4
  ───────
```

(14)
```
    4 7 4
  - 3 6 6
  ───────
```

(11)
```
    4 9 0
  - 2 5 4
  ───────
```

(15)
```
    4 6 1
  - 2 1 3
  ───────
```

(12)
```
    4 8 1
  - 2 3 7
  ───────
```

(16)
```
    4 9 5
  - 4 3 9
  ───────
```

MD01 받아내림이 있는 (세 자리 수) − (세 자리 수) (1)

● 뺄셈을 하세요.

(1)

```
    3 5 1
  − 2 3 4
  -------
```

(2)

```
    2 4 1
  − 1 2 5
  -------
```

(3)

```
    2 7 0
  − 1 3 7
  -------
```

(4)

```
    1 5 0
  − 1 2 9
  -------
```

(5)

```
    2 2 8
  − 1 2 1
  -------
```

(6)

```
    3 4 0
  − 1 3 4
  -------
```

(7)

```
    2 4 3
  − 2 1 6
  -------
```

(8)

```
    2 3 5
  − 1 1 8
  -------
```

(9)
```
    4 7 0
  - 1 3 6
  ───────
```

(13)
```
    4 9 4
  - 3 3 5
  ───────
```

(10)
```
    3 5 4
  - 1 2 9
  ───────
```

(14)
```
    3 5 3
  - 1 2 4
  ───────
```

(11)
```
    2 6 2
  - 1 4 8
  ───────
```

(15)
```
    3 6 5
  - 2 5 7
  ───────
```

(12)
```
    3 8 1
  - 2 3 7
  ───────
```

(16)
```
    4 8 7
  - 2 4 9
  ───────
```

MD01 받아내림이 있는 (세 자리 수) − (세 자리 수) (1)

● 뺄셈을 하세요.

(1)
```
  1 2 3
- 1 1 7
```

(5)
```
  4 3 2
- 1 2 3
```

(2)
```
  2 7 0
- 1 3 8
```

(6)
```
  4 1 6
- 2 0 5
```

(3)
```
  2 5 5
- 1 2 9
```

(7)
```
  3 8 0
- 2 3 5
```

(4)
```
  3 4 0
- 1 0 7
```

(8)
```
  3 2 5
- 1 1 6
```

(9)
```
    4 6 0
  - 1 3 2
```

(13)
```
    2 9 5
  - 1 2 8
```

(10)
```
    2 5 6
  - 2 4 8
```

(14)
```
    3 7 3
  - 1 4 7
```

(11)
```
    2 9 4
  - 2 5 5
```

(15)
```
    4 6 1
  - 3 2 6
```

(12)
```
    3 8 2
  - 1 6 4
```

(16)
```
    4 8 8
  - 2 5 9
```

MD01 받아내림이 있는 (세 자리 수) - (세 자리 수) (1)

● 뺄셈을 하세요.

(1)
```
    5 8 0
 -  2 4 2
 ─────────
```

(5)
```
    3 4 0
 -  1 3 7
 ─────────
```

(2)
```
    5 3 4
 -  3 2 0
 ─────────
```

(6)
```
    5 6 2
 -  1 3 5
 ─────────
```

(3)
```
    4 5 0
 -  1 3 6
 ─────────
```

(7)
```
    5 8 3
 -  2 4 8
 ─────────
```

(4)
```
    5 4 1
 -  4 1 5
 ─────────
```

(8)
```
    5 7 5
 -  3 2 6
 ─────────
```

(9)
```
    5 3 5
  - 3 1 7
  ─────────
```

(13)
```
    6 8 1
  - 4 3 5
  ─────────
```

(10)
```
    6 7 0
  - 1 4 3
  ─────────
```

(14)
```
    6 9 5
  - 4 5 8
  ─────────
```

(11)
```
    6 6 3
  - 2 1 9
  ─────────
```

(15)
```
    6 4 7
  - 5 2 9
  ─────────
```

(12)
```
    6 5 2
  - 1 2 4
  ─────────
```

(16)
```
    6 7 8
  - 3 4 9
  ─────────
```

MD01 받아내림이 있는 (세 자리 수)−(세 자리 수) (1)

● 뺄셈을 하세요.

(1)
```
  7 4 0
− 3 1 7
───────
```

(5)
```
  7 8 0
− 4 4 5
───────
```

(2)
```
  4 5 2
− 2 3 8
───────
```

(6)
```
  6 4 6
− 1 1 7
───────
```

(3)
```
  7 6 0
− 4 2 4
───────
```

(7)
```
  7 9 1
− 6 4 6
───────
```

(4)
```
  7 3 3
− 5 1 7
───────
```

(8)
```
  7 7 5
− 5 3 8
───────
```

(9)
```
    7 2 3
  - 4 0 7
```

(13)
```
    9 6 2
  - 1 3 5
```

(10)
```
    8 3 4
  - 3 2 8
```

(14)
```
    8 6 1
  - 2 4 8
```

(11)
```
    8 6 0
  - 5 2 8
```

(15)
```
    9 7 5
  - 7 6 9
```

(12)
```
    9 5 4
  - 6 2 9
```

(16)
```
    9 8 6
  - 8 3 7
```

MD01 받아내림이 있는 (세 자리 수) - (세 자리 수) (1)

● 뺄셈을 하세요.

(1)
```
  2 4 1
- 1 3 4
```

(5)
```
  2 2 3
- 1 1 4
```

(2)
```
  2 7 0
- 1 0 5
```

(6)
```
  3 4 6
- 2 1 7
```

(3)
```
  1 8 0
- 1 4 3
```

(7)
```
  2 5 0
- 2 3 1
```

(4)
```
  3 5 4
- 1 3 9
```

(8)
```
  3 6 2
- 1 2 7
```

(9)
```
    3 4 2
  - 1 2 7
  ───────
```

(13)
```
    4 6 7
  - 1 2 8
  ───────
```

(10)
```
    4 8 0
  - 2 1 4
  ───────
```

(14)
```
    4 9 3
  - 1 4 5
  ───────
```

(11)
```
    5 3 4
  - 2 1 8
  ───────
```

(15)
```
    5 5 2
  - 2 2 6
  ───────
```

(12)
```
    4 7 1
  - 1 3 9
  ───────
```

(16)
```
    5 8 3
  - 2 4 6
  ───────
```

MD01 받아내림이 있는 (세 자리 수)−(세 자리 수) (1)

● 뺄셈을 하세요.

(1)
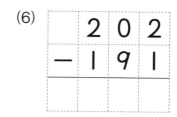

	0	10	
	₁̸	0	4
−		4	1
		6	3

(5)

	2	4	5
−	1	7	3

(2)

	2	0	5
−		2	4

(6)

	2	0	2
−	1	9	1

(3)

	2	0	0
−	1	5	0

(7)

	2	2	7
−	1	8	5

(4)

	2	0	7
−	1	0	6

(8)

	2	1	4
−	1	7	3

(9)
```
    2 1 5
  -   4 2
  -------
```

(13)
```
    2 7 7
  - 1 9 4
  -------
```

(10)
```
    2 0 8
  - 1 3 6
  -------
```

(14)
```
    2 5 9
  - 1 8 3
  -------
```

(11)
```
    2 3 8
  - 1 4 5
  -------
```

(15)
```
    2 5 4
  - 1 9 2
  -------
```

(12)
```
    2 4 7
  - 1 5 2
  -------
```

(16)
```
    2 6 3
  - 1 7 2
  -------
```

MD01 받아내림이 있는 (세 자리 수)−(세 자리 수) (1)

● 뺄셈을 하세요.

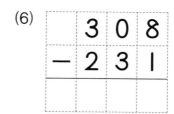

(1)
```
    2 0 3
  - 1 4 0
  -------
```

(5)
```
    3 1 5
  - 1 5 2
  -------
```

(2)
```
    3 0 0
  - 1 6 0
  -------
```

(6)
```
    3 0 8
  - 2 3 1
  -------
```

(3)
```
    2 0 9
  - 1 4 3
  -------
```

(7)
```
    3 2 4
  - 2 7 0
  -------
```

(4)
```
    3 2 6
  - 1 4 3
  -------
```

(8)
```
    3 3 9
  - 1 2 5
  -------
```

(9)
```
    3 1 6
  - 1 4 5
  -------
```

(13)
```
    3 5 7
  - 1 8 4
  -------
```

(10)
```
    3 0 4
  - 2 4 3
  -------
```

(14)
```
    3 6 4
  - 1 7 2
  -------
```

(11)
```
    3 4 6
  - 2 7 6
  -------
```

(15)
```
    3 8 3
  - 2 9 1
  -------
```

(12)
```
    3 6 5
  - 1 7 0
  -------
```

(16)
```
    3 5 9
  - 2 8 3
  -------
```

MD01 받아내림이 있는 (세 자리 수) − (세 자리 수) (1)

● 뺄셈을 하세요.

(1)
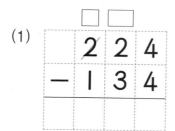
$$\begin{array}{r} 2\ 2\ 4 \\ -\ 1\ 3\ 4 \\ \hline \end{array}$$

(5)
$$\begin{array}{r} 4\ 0\ 3 \\ -\ 2\ 3\ 1 \\ \hline \end{array}$$

(2)
$$\begin{array}{r} 3\ 0\ 0 \\ -\ 2\ 4\ 0 \\ \hline \end{array}$$

(6)
$$\begin{array}{r} 4\ 3\ 9 \\ -\ 2\ 6\ 4 \\ \hline \end{array}$$

(3)
$$\begin{array}{r} 4\ 0\ 7 \\ -\ 3\ 7\ 4 \\ \hline \end{array}$$

(7)
$$\begin{array}{r} 4\ 1\ 6 \\ -\ 3\ 5\ 2 \\ \hline \end{array}$$

(4)
$$\begin{array}{r} 4\ 1\ 5 \\ -\ 3\ 1\ 0 \\ \hline \end{array}$$

(8)
$$\begin{array}{r} 4\ 4\ 8 \\ -\ 1\ 9\ 3 \\ \hline \end{array}$$

(9)
```
    4 2 5
  - 1 8 2
  ───────
```

(13)
```
    4 4 3
  - 3 7 1
  ───────
```

(10)
```
    4 0 5
  - 1 6 1
  ───────
```

(14)
```
    4 5 9
  - 2 8 4
  ───────
```

(11)
```
    4 2 8
  - 3 7 2
  ───────
```

(15)
```
    4 7 6
  - 2 8 3
  ───────
```

(12)
```
    4 3 7
  - 2 5 3
  ───────
```

(16)
```
    4 6 7
  - 3 7 4
  ───────
```

MD01 받아내림이 있는 (세 자리 수) − (세 자리 수) (1)

● 뺄셈을 하세요.

(1)
```
  2 0 6
- 1 5 2
```

(5)
```
  3 1 4
- 1 3 1
```

(2)
```
  2 3 8
- 1 7 3
```

(6)
```
  3 2 6
- 1 4 2
```

(3)
```
  3 0 7
- 2 6 4
```

(7)
```
  4 0 6
- 2 8 3
```

(4)
```
  2 1 3
- 1 5 2
```

(8)
```
  2 4 9
- 1 3 2
```

(9)
```
   3 4 7
 - 2 5 3
 ───────
```

(13)
```
   3 6 5
 - 1 9 3
 ───────
```

(10)
```
   3 3 6
 - 1 6 1
 ───────
```

(14)
```
   4 7 9
 - 3 9 8
 ───────
```

(11)
```
   2 0 5
 - 1 2 4
 ───────
```

(15)
```
   4 5 6
 - 1 7 2
 ───────
```

(12)
```
   4 2 8
 - 2 8 3
 ───────
```

(16)
```
   3 4 5
 - 2 6 4
 ───────
```

MD01 받아내림이 있는 (세 자리 수) – (세 자리 수) (1)

● 뺄셈을 하세요.

(1)
```
    2 3 3
  - 1 5 2
```

(5)
```
    4 2 9
  - 2 1 4
```

(2)
```
    2 0 6
  - 1 4 3
```

(6)
```
    4 1 7
  - 1 8 4
```

(3)
```
    3 1 8
  - 1 6 2
```

(7)
```
    3 3 6
  - 1 9 5
```

(4)
```
    3 0 5
  - 2 2 1
```

(8)
```
    2 0 8
  - 1 3 4
```

(9)
```
    3 5 3
  - 2 8 0
  ───────
```

(13)
```
    4 4 9
  - 1 7 5
  ───────
```

(10)
```
    2 1 8
  - 1 7 2
  ───────
```

(14)
```
    4 5 7
  - 2 9 3
  ───────
```

(11)
```
    3 2 4
  - 1 6 1
  ───────
```

(15)
```
    3 4 6
  - 1 5 5
  ───────
```

(12)
```
    3 0 4
  - 2 8 4
  ───────
```

(16)
```
    4 7 5
  - 3 9 2
  ───────
```

MD01 받아내림이 있는 (세 자리 수) − (세 자리 수) (1)

● 뺄셈을 하세요.

(1)
```
  3 4 1
− 2 5 0
───────
```

(5)
```
  5 2 4
− 1 6 1
───────
```

(2)
```
  5 0 6
− 3 7 3
───────
```

(6)
```
  5 0 7
− 3 7 4
───────
```

(3)
```
  4 0 3
− 1 0 2
───────
```

(7)
```
  5 3 2
− 2 9 2
───────
```

(4)
```
  5 1 8
− 4 6 4
───────
```

(8)
```
  5 2 7
− 3 4 3
───────
```

(9)
```
    6 5 5
  - 3 7 3
  -------
```

(13)
```
    6 6 5
  - 4 9 0
  -------
```

(10)
```
    5 4 7
  - 2 8 2
  -------
```

(14)
```
    6 5 6
  - 5 8 4
  -------
```

(11)
```
    6 1 4
  - 1 8 1
  -------
```

(15)
```
    6 7 9
  - 3 8 2
  -------
```

(12)
```
    6 0 8
  - 3 4 2
  -------
```

(16)
```
    6 5 4
  - 4 6 1
  -------
```

● 뺄셈을 하세요.

(1)
```
    6 0 4
  − 3 5 3
  ───────
```

(5)
```
    7 1 4
  − 1 8 3
  ───────
```

(2)
```
    7 3 6
  − 5 7 1
  ───────
```

(6)
```
    5 0 5
  − 3 9 2
  ───────
```

(3)
```
    7 2 7
  − 6 6 2
  ───────
```

(7)
```
    7 1 6
  − 2 4 5
  ───────
```

(4)
```
    7 0 3
  − 2 3 2
  ───────
```

(8)
```
    7 2 8
  − 4 3 5
  ───────
```

(9)

```
    7 3 9
  - 3 5 4
```

(13)

```
    9 4 6
  - 1 9 3
```

(10)

```
    8 4 5
  - 1 7 2
```

(14)

```
    9 5 7
  - 5 8 4
```

(11)

```
    8 0 7
  - 2 8 1
```

(15)

```
    9 7 9
  - 6 8 7
```

(12)

```
    8 1 8
  - 4 6 5
```

(16)

```
    9 7 6
  - 8 9 4
```

MD01 받아내림이 있는 (세 자리 수) - (세 자리 수) (1)

● 뺄셈을 하세요.

(1)
```
  1 4 0
- 1 3 0
```

(5)
```
  3 4 2
- 2 1 3
```

(2)
```
  2 2 5
- 1 1 6
```

(6)
```
  5 3 1
- 3 0 4
```

(3)
```
  2 6 0
- 1 3 7
```

(7)
```
  4 5 3
- 3 2 8
```

(4)
```
  4 5 0
- 3 2 5
```

(8)
```
  3 4 5
- 1 3 9
```

(9)

```
    2 4 3
  - 2 3 6
  ─────────
```

(13)

```
    5 8 6
  - 3 5 7
  ─────────
```

(10)

```
    4 5 5
  - 3 2 8
  ─────────
```

(14)

```
    5 7 2
  - 4 3 6
  ─────────
```

(11)

```
    4 7 0
  - 1 3 8
  ─────────
```

(15)

```
    6 7 1
  - 3 2 7
  ─────────
```

(12)

```
    3 6 4
  - 1 4 6
  ─────────
```

(16)

```
    8 9 3
  - 6 4 5
  ─────────
```

● 뺄셈을 하세요.

(1)
```
   1 2 4
 - 1 0 7
─────────
```

(5)
```
   2 4 1
 - 1 2 9
─────────
```

(2)
```
   2 3 2
 - 1 2 5
─────────
```

(6)
```
   2 6 0
 - 2 4 8
─────────
```

(3)
```
   1 4 0
 - 1 0 4
─────────
```

(7)
```
   3 5 3
 - 2 1 7
─────────
```

(4)
```
   3 5 0
 - 2 3 7
─────────
```

(8)
```
   4 4 6
 - 3 1 7
─────────
```

(9)
```
    4 6 0
  - 2 3 4
  -------
```

(13)
```
    8 3 4
  - 4 2 8
  -------
```

(10)
```
    3 5 5
  - 1 2 8
  -------
```

(14)
```
    5 5 6
  - 1 1 8
  -------
```

(11)
```
    5 3 1
  - 4 2 5
  -------
```

(15)
```
    7 6 2
  - 5 2 5
  -------
```

(12)
```
    5 7 4
  - 3 4 9
  -------
```

(16)
```
    4 8 4
  - 3 5 5
  -------
```

MD01 받아내림이 있는 (세 자리 수)−(세 자리 수) (1)

● 뺄셈을 하세요.

(1)
```
    2 3 7
  - 1 8 2
```

(5)
```
    3 1 4
  - 1 4 1
```

(2)
```
    2 0 8
  - 1 4 3
```

(6)
```
    2 3 9
  - 1 5 5
```

(3)
```
    3 2 8
  - 2 7 4
```

(7)
```
    2 0 6
  - 1 6 3
```

(4)
```
    4 0 9
  - 2 6 1
```

(8)
```
    4 1 6
  - 3 8 4
```

MD단계 ❻권 47

(9)
```
    3 1 5
  - 2 6 2
  -------
```

(13)
```
    5 4 5
  - 2 9 2
  -------
```

(10)
```
    4 3 8
  - 3 7 2
  -------
```

(14)
```
    6 5 7
  - 4 7 3
  -------
```

(11)
```
    4 0 3
  - 1 5 3
  -------
```

(15)
```
    5 5 6
  - 3 8 4
  -------
```

(12)
```
    5 2 6
  - 3 8 1
  -------
```

(16)
```
    7 6 8
  - 5 7 6
  -------
```

● **뺄셈을 하세요.**

(1)
```
    3 0 6
  − 2 9 6
```

(5)
```
    4 2 6
  − 2 4 1
```

(2)
```
    2 0 8
  − 1 4 7
```

(6)
```
    2 0 7
  − 1 6 4
```

(3)
```
    2 1 6
  − 1 2 4
```

(7)
```
    3 2 5
  − 1 3 3
```

(4)
```
    3 1 8
  − 1 1 5
```

(8)
```
    3 3 4
  − 2 8 2
```

(9)
```
    4 1 7
  - 2 8 3
  -------
```

(13)
```
    5 6 8
  - 3 7 3
  -------
```

(10)
```
    2 0 5
  - 1 6 5
  -------
```

(14)
```
    5 7 6
  - 4 9 3
  -------
```

(11)
```
    5 4 8
  - 3 8 1
  -------
```

(15)
```
    9 5 7
  - 5 8 2
  -------
```

(12)
```
    3 5 4
  - 1 9 2
  -------
```

(16)
```
    8 3 6
  - 6 5 5
  -------
```

받아내림이 있는
(세 자리 수)-(세 자리 수) (2)

2주차

요일	교재 번호	학습한 날짜		확인
1일차(월)	01~08	월	일	
2일차(화)	09~16	월	일	
3일차(수)	17~24	월	일	
4일차(목)	25~32	월	일	
5일차(금)	33~40	월	일	

MD02 받아내림이 있는 (세 자리 수) − (세 자리 수) (2)

● 뺄셈을 하세요.

(1)
```
  2 5 0
− 1 3 1
```

(5)
```
  5 3 1
− 2 2 7
```

(2)
```
  3 4 0
− 2 3 0
```

(6)
```
  5 2 3
− 3 0 4
```

(3)
```
  4 3 2
− 1 1 5
```

(7)
```
  3 1 2
− 1 0 6
```

(4)
```
  4 7 0
− 3 2 3
```

(8)
```
  6 4 3
− 5 2 7
```

(9)
```
    3 4 2
  - 2 1 6
  -------
```

(13)
```
    7 5 4
  - 5 1 9
  -------
```

(10)
```
    3 5 0
  - 1 2 4
  -------
```

(14)
```
    7 6 3
  - 4 4 8
  -------
```

(11)
```
    5 3 3
  - 4 1 4
  -------
```

(15)
```
    8 6 5
  - 3 2 7
  -------
```

(12)
```
    6 3 1
  - 2 2 8
  -------
```

(16)
```
    9 4 5
  - 7 3 9
  -------
```

MD02 받아내림이 있는 (세 자리 수) - (세 자리 수) (2)

● 뺄셈을 하세요.

(1)
```
  3 1 4
- 2 4 2
```

(2)
```
  3 0 5
- 1 7 1
```

(3)
```
  2 1 6
- 1 1 3
```

(4)
```
  5 0 7
- 4 3 5
```

(5)
```
  4 0 6
- 1 5 6
```

(6)
```
  4 3 8
- 3 4 2
```

(7)
```
  5 2 9
- 2 7 4
```

(8)
```
  3 1 5
- 2 8 2
```

(9)
```
    5 0 6
  - 3 9 5
  _____
```

(13)
```
    9 4 5
  - 3 6 4
  _____
```

(10)
```
    6 2 4
  - 4 8 0
  _____
```

(14)
```
    5 4 6
  - 1 8 2
  _____
```

(11)
```
    6 2 5
  - 2 3 3
  _____
```

(15)
```
    6 3 2
  - 3 9 2
  _____
```

(12)
```
    7 3 9
  - 4 5 1
  _____
```

(16)
```
    8 5 8
  - 1 7 3
  _____
```

● 뺄셈을 하세요.

(1)
```
   3 4 2
 - 2 1 7
```

(5)
```
   4 6 2
 - 3 4 9
```

(2)
```
   2 3 0
 - 1 2 6
```

(6)
```
   5 6 0
 - 1 3 5
```

(3)
```
   1 2 0
 - 1 0 2
```

(7)
```
   5 7 4
 - 4 1 7
```

(4)
```
   4 5 3
 - 2 1 8
```

(8)
```
   3 8 1
 - 2 5 6
```

(9)
```
    4 7 5
  - 3 2 8
  -------
```

(13)
```
    9 8 3
  - 4 2 4
  -------
```

(10)
```
    3 5 2
  - 1 3 9
  -------
```

(14)
```
    6 9 5
  - 2 0 9
  -------
```

(11)
```
    5 5 0
  - 2 4 3
  -------
```

(15)
```
    8 9 4
  - 1 3 6
  -------
```

(12)
```
    4 8 2
  - 2 5 4
  -------
```

(16)
```
    7 6 7
  - 5 1 8
  -------
```

MD02 받아내림이 있는 (세 자리 수) - (세 자리 수) (2)

● 뺄셈을 하세요.

(1)
```
    3 0 4
  - 2 5 0
  -------
```

(5)
```
    5 2 5
  - 3 1 4
  -------
```

(2)
```
    4 1 6
  - 1 7 2
  -------
```

(6)
```
    6 4 8
  - 2 5 5
  -------
```

(3)
```
    3 2 7
  - 1 9 1
  -------
```

(7)
```
    4 0 9
  - 2 3 7
  -------
```

(4)
```
    3 0 8
  - 2 6 4
  -------
```

(8)
```
    7 5 6
  - 6 7 3
  -------
```

(9)
```
    5 6 7
  - 3 8 1
  -------
```

(13)
```
    3 7 8
  - 1 9 3
  -------
```

(10)
```
    7 4 9
  - 4 6 0
  -------
```

(14)
```
    9 3 6
  - 6 5 4
  -------
```

(11)
```
    7 0 5
  - 3 5 3
  -------
```

(15)
```
    7 8 7
  - 2 9 1
  -------
```

(12)
```
    8 5 4
  - 1 8 2
  -------
```

(16)
```
    6 7 8
  - 5 9 5
  -------
```

9

● 뺄셈을 하세요.

(1)
```
    1 6 0
  - 1 2 1
  ───────
```

(5)
```
    4 1 2
  - 3 0 8
  ───────
```

(2)
```
    3 7 3
  - 2 4 3
  ───────
```

(6)
```
    4 3 4
  - 2 1 5
  ───────
```

(3)
```
    4 2 1
  - 3 0 4
  ───────
```

(7)
```
    5 5 3
  - 4 3 7
  ───────
```

(4)
```
    5 8 0
  - 1 3 5
  ───────
```

(8)
```
    7 4 5
  - 7 1 9
  ───────
```

(9)
```
    5 1 7
  - 1 4 2
  _____
```

(13)
```
    9 3 8
  - 7 5 6
  _____
```

(10)
```
    7 0 4
  - 4 7 1
  _____
```

(14)
```
    8 4 6
  - 5 5 9
  _____
```

(11)
```
    7 5 6
  - 5 8 0
  _____
```

(15)
```
    9 1 7
  - 4 6 7
  _____
```

(12)
```
    9 0 5
  - 3 4 3
  _____
```

(16)
```
    6 2 9
  - 2 8 3
  _____
```

MD02 받아내림이 있는 (세 자리 수) - (세 자리 수) (2)

● 뺄셈을 하세요.

(1)
```
   4 6 2
 - 3 2 3
```

(5)
```
   5 9 3
 - 1 3 5
```

(2)
```
   2 5 0
 - 2 4 2
```

(6)
```
   6 5 5
 - 5 2 7
```

(3)
```
   3 8 4
 - 2 3 4
```

(7)
```
   6 7 0
 - 4 2 8
```

(4)
```
   4 3 0
 - 1 1 1
```

(8)
```
   7 8 4
 - 2 4 9
```

(9)
```
    9 3 7
  - 5 4 2
  ─────────
```

(13)
```
    6 7 5
  - 4 9 1
  ─────────
```

(10)
```
    9 0 6
  - 6 5 3
  ─────────
```

(14)
```
    5 4 7
  - 2 7 3
  ─────────
```

(11)
```
    8 6 5
  - 6 9 1
  ─────────
```

(15)
```
    4 3 6
  - 2 6 4
  ─────────
```

(12)
```
    7 4 4
  - 4 8 2
  ─────────
```

(16)
```
    5 6 8
  - 4 8 5
  ─────────
```

MD02 받아내림이 있는 (세 자리 수) - (세 자리 수) (2)

● 뺄셈을 하세요.

(1)
```
  3 2 4
-　2 1 5
─────────
```

(5)
```
  5 1 2
-　1 0 7
─────────
```

(2)
```
  1 5 0
-　1 1 3
─────────
```

(6)
```
  6 3 1
-　3 2 3
─────────
```

(3)
```
  5 2 1
-　4 1 1
─────────
```

(7)
```
  4 3 0
-　3 1 4
─────────
```

(4)
```
  4 6 0
-　2 3 5
─────────
```

(8)
```
  4 4 2
-　1 2 5
─────────
```

(9)
```
    4 3 6
  - 3 5 3
  ───────
```

(13)
```
    9 2 7
  - 4 8 7
  ───────
```

(10)
```
    9 4 7
  - 5 6 3
  ───────
```

(14)
```
    7 5 8
  - 6 7 5
  ───────
```

(11)
```
    8 0 5
  - 2 4 1
  ───────
```

(15)
```
    6 3 7
  - 1 8 4
  ───────
```

(12)
```
    7 1 3
  - 4 9 1
  ───────
```

(16)
```
    8 2 6
  - 5 6 3
  ───────
```

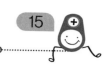

MD02 받아내림이 있는 (세 자리 수)−(세 자리 수) (2)

● 뺄셈을 하세요.

(1)
```
    4 4 2
  − 2 1 7
```

(5)
```
    6 7 0
  − 1 5 2
```

(2)
```
    5 6 3
  − 3 2 5
```
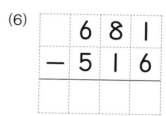

(6)
```
    6 8 1
  − 5 1 6
```

(3)
```
    5 6 0
  − 4 2 4
```

(7)
```
    7 5 4
  − 6 3 4
```

(4)
```
    4 5 0
  − 1 3 9
```

(8)
```
    5 9 2
  − 2 3 8
```

(9)
```
    7 3 6
  - 3 8 6
  -------
```

(13)
```
    9 4 5
  - 8 6 2
  -------
```

(10)
```
    4 2 8
  - 2 7 3
  -------
```

(14)
```
    8 4 9
  - 4 7 2
  -------
```

(11)
```
    9 0 7
  - 5 5 1
  -------
```

(15)
```
    6 5 8
  - 2 9 3
  -------
```

(12)
```
    8 6 5
  - 6 7 4
  -------
```

(16)
```
    7 7 4
  - 4 8 0
  -------
```

MD02 받아내림이 있는 (세 자리 수) − (세 자리 수) (2)

● 뺄셈을 하세요.

(1)
```
  1 4 0
− 1 2 6
───────
```

(2)
```
  2 7 0
− 1 6 3
───────
```

(3)
```
  2 1 4
− 1 7 2
───────
```

(4)
```
  3 2 7
− 2 8 4
───────
```

(5)
```
  5 4 2
− 3 1 5
───────
```

(6)
```
  3 0 6
− 2 4 2
───────
```

(7)
```
  4 0 5
− 3 5 2
───────
```

(8)
```
  4 4 6
− 1 0 3
───────
```

(9)
```
    2 5 4
  - 1 1 6
  ───────
```

(13)
```
    6 3 4
  - 4 1 5
  ───────
```

(10)
```
    3 6 0
  - 1 2 5
  ───────
```

(14)
```
    5 4 8
  - 1 3 8
  ───────
```

(11)
```
    3 5 7
  - 2 6 1
  ───────
```

(15)
```
    7 0 5
  - 5 8 2
  ───────
```

(12)
```
    5 4 6
  - 3 9 2
  ───────
```

(16)
```
    4 7 3
  - 3 4 2
  ───────
```

MD02 받아내림이 있는 (세 자리 수) - (세 자리 수) (2)

● 뺄셈을 하세요.

(1)
```
    2 6 0
  - 1 4 2
```

(5)
```
    3 5 3
  - 2 1 8
```

(2)
```
    1 3 2
  - 1 2 8
```

(6)
```
    3 0 3
  - 1 4 1
```

(3)
```
    4 7 0
  - 3 8 0
```

(7)
```
    4 5 7
  - 2 7 3
```

(4)
```
    3 4 5
  - 2 5 2
```

(8)
```
    5 6 4
  - 3 3 2
```

(9)
```
    2 1 4
  - 1 8 2
  -------
```

(13)
```
    3 7 5
  - 1 8 2
  -------
```

(10)
```
    5 6 3
  - 4 1 9
  -------
```

(14)
```
    4 9 2
  - 3 1 7
  -------
```

(11)
```
    6 7 0
  - 3 2 5
  -------
```

(15)
```
    8 8 4
  - 5 1 9
  -------
```

(12)
```
    5 4 6
  - 2 7 3
  -------
```

(16)
```
    5 6 7
  - 3 9 4
  -------
```

● 뺄셈을 하세요.

(1)
```
    2 1 3
  - 1 4 2
```

(5)
```
    3 4 0
  - 2 3 5
```

(2)
```
    3 2 5
  - 2 1 5
```

(6)
```
    3 0 7
  - 1 7 2
```

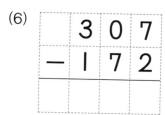

(3)
```
    1 7 0
  - 1 2 4
```

(7)
```
    3 1 5
  - 2 4 3
```

(4)
```
    2 3 6
  - 1 9 2
```

(8)
```
    5 4 8
  - 3 1 9
```

(9)

```
   2 3 4
 - 1 5 1
```

(13)

```
   5 3 2
 - 4 2 6
```

(10)

```
   2 2 4
 - 1 0 9
```

(14)

```
   6 0 7
 - 2 3 5
```

(11)

```
   2 4 0
 - 2 1 7
```

(15)

```
   4 5 8
 - 2 6 2
```

(12)

```
   5 1 3
 - 3 7 3
```

(16)

```
   9 2 6
 - 3 1 8
```

MD02 받아내림이 있는 (세 자리 수) − (세 자리 수) (2)

● 뺄셈을 하세요.

(1)
```
  3 2 5
− 2 8 1
```

(5)
```
  3 6 6
− 1 4 5
```

(2)
```
  2 5 4
− 1 7 0
```

(6)
```
  5 0 4
− 4 7 2
```

(3)
```
  3 4 0
− 1 2 3
```

(7)
```
  5 4 7
− 3 5 1
```

(4)
```
  4 8 0
− 2 3 6
```

(8)
```
  2 9 5
− 1 3 9
```

(9)
```
    4 7 3
  - 3 9 1
```

(13)
```
    5 2 5
  - 2 0 8
```

(10)
```
    2 6 8
  - 1 3 9
```

(14)
```
    8 3 4
  - 3 7 1
```

(11)
```
    3 0 7
  - 1 6 2
```

(15)
```
    4 8 3
  - 2 4 9
```

(12)
```
    6 5 6
  - 3 4 7
```

(16)
```
    3 5 7
  - 1 8 5
```

MD02 받아내림이 있는 (세 자리 수) - (세 자리 수) (2)

● 뺄셈을 하세요.

(1)
```
  1 2 3
-　1 1 7
```

(5)
```
  3 0 5
-　2 7 1
```

(2)
```
  3 5 0
-　1 9 0
```

(6)
```
  3 3 6
-　1 2 6
```

(3)
```
  2 4 7
-　1 8 5
```

(7)
```
  4 2 8
-　3 8 5
```

(4)
```
  4 8 0
-　2 4 6
```

(8)
```
  5 3 5
-　3 1 9
```

(9)
```
  4 6 4
- 3 2 7
───────
```

(13)
```
  8 5 2
- 4 6 1
───────
```

(10)
```
  7 4 9
- 2 9 1
───────
```

(14)
```
  7 3 4
- 3 7 4
───────
```

(11)
```
  7 0 7
- 5 8 2
───────
```

(15)
```
  9 4 6
- 6 2 8
───────
```

(12)
```
  6 5 8
- 1 3 9
───────
```

(16)
```
  5 5 3
- 2 1 7
───────
```

MD02 받아내림이 있는 (세 자리 수)−(세 자리 수) (2)

● 뺄셈을 하세요.

(1)
```
    3 8 0
  - 1 3 7
```

(5)
```
    1 4 3
  - 1 2 8
```

(2)
```
    3 2 5
  - 1 1 6
```

(6)
```
    4 9 7
  - 2 8 2
```

(3)
```
    2 6 0
  - 1 8 0
```

(7)
```
    4 5 6
  - 3 1 9
```

(4)
```
    5 1 4
  - 2 3 2
```

(8)
```
    7 7 8
  - 4 9 3
```

(9)
```
    6 5 3
  - 4 8 3
  -------
```

(13)
```
    8 4 7
  - 4 2 8
  -------
```

(10)
```
    6 7 0
  - 5 3 1
  -------
```

(14)
```
    7 8 4
  - 1 9 2
  -------
```

(11)
```
    5 6 7
  - 3 8 2
  -------
```

(15)
```
    9 7 2
  - 5 3 5
  -------
```

(12)
```
    3 6 5
  - 1 2 7
  -------
```

(16)
```
    6 8 3
  - 2 9 1
  -------
```

MD02 받아내림이 있는 (세 자리 수) - (세 자리 수) (2)

● 뺄셈을 하세요.

(1)
```
  1 6 0
- 1 4 2
```

(5)
```
  3 4 7
- 1 6 5
```

(2)
```
  4 2 6
- 1 4 2
```

(6)
```
  3 4 0
- 2 1 3
```

(3)
```
  5 4 4
- 3 1 7
```

(7)
```
  4 3 9
- 1 8 2
```

(4)
```
  5 0 3
- 2 3 1
```

(8)
```
  7 2 5
- 4 0 8
```

(9)
```
    5 6 4
  - 3 2 7
```

(13)
```
    9 4 6
  - 2 2 7
```

(10)
```
    6 3 0
  - 4 1 5
```

(14)
```
    7 5 7
  - 6 8 2
```

(11)
```
    7 5 6
  - 3 9 3
```

(15)
```
    6 3 2
  - 1 2 6
```

(12)
```
    8 6 3
  - 5 8 3
```

(16)
```
    7 4 8
  - 4 6 4
```

MD02 받아내림이 있는 (세 자리 수) - (세 자리 수) (2)

● 뺄셈을 하세요.

(1)
```
  3 4 2
- 2 3 8
```

(5)
```
  3 9 0
- 1 3 4
```

(2)
```
  4 1 0
- 1 9 0
```

(6)
```
  3 5 6
- 2 7 2
```

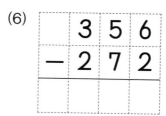

(3)
```
  3 0 7
- 1 4 2
```

(7)
```
  5 6 1
- 3 2 7
```

(4)
```
  4 2 8
- 2 1 9
```

(8)
```
  7 8 4
- 5 9 3
```

(9)
```
   6 8 5
 - 4 9 3
 ───────
```

(13)
```
   7 6 5
 - 3 2 8
 ───────
```

(10)
```
   5 2 0
 - 2 0 8
 ───────
```

(14)
```
   8 5 7
 - 2 8 1
 ───────
```

(11)
```
   3 7 4
 - 1 9 2
 ───────
```

(15)
```
   9 4 8
 - 1 6 3
 ───────
```

(12)
```
   5 8 6
 - 3 5 7
 ───────
```

(16)
```
   7 8 3
 - 4 2 7
 ───────
```

● 뺄셈을 하세요.

(1)
```
  3 2 4
- 1 6 2
```

(5)
```
  5 6 7
- 4 8 2
```

(2)
```
  4 5 0
- 3 2 1
```

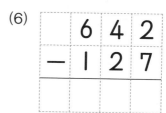

(6)
```
  6 4 2
- 1 2 7
```

(3)
```
  1 4 3
- 1 2 3
```

(7)
```
  6 0 4
- 5 3 1
```

(4)
```
  5 0 3
- 2 7 2
```

(8)
```
  7 5 5
- 3 1 9
```

(9)
```
    4 3 0
  - 3 2 7
  -------
```

(13)
```
    6 4 2
  - 1 7 2
  -------
```

(10)
```
    5 2 4
  - 3 5 3
  -------
```

(14)
```
    9 4 5
  - 7 3 9
  -------
```

(11)
```
    7 1 6
  - 2 0 7
  -------
```

(15)
```
    8 5 7
  - 4 1 9
  -------
```

(12)
```
    9 6 9
  - 5 9 7
  -------
```

(16)
```
    5 3 8
  - 2 6 7
  -------
```

MD02 받아내림이 있는 (세 자리 수) − (세 자리 수) (2)

● 뺄셈을 하세요.

(1)
```
  4 7 0
− 3 3 4
```

(5)
```
  3 5 6
− 2 1 7
```

(2)
```
  5 3 4
− 1 2 0
```

(6)
```
  6 0 5
− 3 9 2
```

(3)
```
  2 4 0
− 1 1 6
```

(7)
```
  4 7 3
− 2 5 4
```

(4)
```
  4 6 5
− 2 8 1
```

(8)
```
  7 2 6
− 6 8 3
```

(9)

```
    5 6 4
  - 4 8 2
```

(13)

```
    8 9 7
  - 6 5 8
```

(10)

```
    4 5 0
  - 2 3 5
```

(14)

```
    9 5 6
  - 4 6 2
```

(11)

```
    6 5 7
  - 3 7 1
```

(15)

```
    7 9 8
  - 1 4 9
```

(12)

```
    5 8 6
  - 2 4 9
```

(16)

```
    8 7 4
  - 3 9 3
```

● 뺄셈을 하세요.

(1)
```
   3 8 0
 − 2 4 3
```

(5)
```
   6 1 5
 − 5 7 4
```

(2)
```
   4 3 2
 − 1 5 2
```

(6)
```
   6 4 8
 − 2 3 5
```

(3)
```
   5 0 4
 − 3 6 2
```

(7)
```
   7 5 0
 − 5 3 4
```

(4)
```
   4 2 7
 − 2 0 8
```

(8)
```
   8 5 5
 − 2 8 1
```

(9)
```
    6 2 1
  - 3 6 0
```

(13)
```
    7 3 6
  - 1 8 2
```

(10)
```
    4 4 5
  - 2 1 7
```

(14)
```
    9 3 9
  - 8 7 3
```

(11)
```
    5 0 7
  - 2 4 3
```

(15)
```
    6 4 8
  - 2 1 9
```

(12)
```
    9 5 6
  - 5 3 7
```

(16)
```
    8 5 4
  - 6 2 6
```

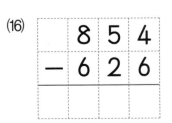

● 뺄셈을 하세요.

(1)
```
    4 3 1
  − 1 2 8
  -------
```

(5)
```
    3 4 0
  − 2 1 6
  -------
```

(2)
```
    4 5 2
  − 3 8 1
  -------
```

(6)
```
    6 7 5
  − 1 3 2
  -------
```

(3)
```
    5 1 0
  − 2 0 7
  -------
```

(7)
```
    7 0 3
  − 3 6 1
  -------
```

(4)
```
    5 6 4
  − 4 8 2
  -------
```

(8)
```
    7 8 2
  − 6 2 4
  -------
```

(9)

```
    8 7 4
  - 4 9 2
```

(13)

```
    7 5 6
  - 2 3 8
```

(10)

```
    5 6 3
  - 3 3 7
```

(14)

```
    4 3 5
  - 2 5 2
```

(11)

```
    7 4 0
  - 4 2 5
```

(15)

```
    9 8 3
  - 5 4 9
```

(12)

```
    9 5 7
  - 7 6 1
```

(16)

```
    8 7 6
  - 1 9 2
```

받아내림이 있는
(세 자리 수)-(세 자리 수) (3)

3주차

요일	교재 번호	학습한 날짜		확인
1일차(월)	01~08	월	일	
2일차(화)	09~16	월	일	
3일차(수)	17~24	월	일	
4일차(목)	25~32	월	일	
5일차(금)	33~40	월	일	

MD03 받아내림이 있는 (세 자리 수) − (세 자리 수) (3)

● 뺄셈을 하세요.

(1)
```
  2 6 0
− 1 4 7
───────
```

(5)
```
  3 5 2
− 1 3 6
───────
```

(2)
```
  2 3 5
− 2 1 5
───────
```

(6)
```
  2 3 1
− 1 1 5
───────
```

(3)
```
  3 7 0
− 2 5 4
───────
```

(7)
```
  4 4 3
− 2 1 7
───────
```

(4)
```
  2 4 6
− 1 3 7
───────
```

(8)
```
  4 8 4
− 3 0 9
───────
```

(9)
```
   3 1 6
-  1 2 4
─────────
```

(13)
```
   4 0 7
-  1 5 3
─────────
```

(10)
```
   2 0 4
-  1 8 3
─────────
```

(14)
```
   2 4 9
-  1 6 7
─────────
```

(11)
```
   3 2 5
-  1 9 1
─────────
```

(15)
```
   3 1 4
-  2 5 3
─────────
```

(12)
```
   4 3 8
-  3 7 2
─────────
```

(16)
```
   4 2 6
-  2 8 2
─────────
```

● 뺄셈을 하세요.

(1)
	1	12	10
	2	3	4
−	1	4	7
		8	7

(5)
```
    2 5 2
 −  1 3 5
```

(2)
```
    3 1 0
 −  2 6 2
```

(6)
```
    2 3 4
 −  1 7 6
```

(3)
```
    2 4 1
 −  1 7 3
```

(7)
```
    2 5 0
 −  1 9 3
```

(4)
```
    3 2 0
 −  2 2 8
```

(8)
```
    2 3 1
 −  1 5 8
```

(9)

```
    2 2 6
  - 1 3 7
```

(13)

```
    2 6 3
  - 1 9 5
```

(10)

```
    2 3 5
  - 1 6 8
```

(14)

```
    3 5 5
  - 2 8 7
```

(11)

```
    3 6 0
  - 2 8 5
```

(15)

```
    2 5 1
  - 1 8 4
```

(12)

```
    3 0 4
  - 1 7 6
```

(16)

```
    2 7 3
  - 1 8 6
```

● 뺄셈을 하세요.

(1)
```
   □ □ □
   3 2 0
 − 1 3 6
```

(5)
```
   2 4 5
 − 1 6 5
```

(2)
```
   2 3 2
 − 1 5 7
```

(6)
```
   3 1 3
 − 2 4 7
```

(3)
```
   3 1 4
 − 2 6 8
```

(7)
```
   3 0 1
 − 2 3 8
```

(4)
```
   3 3 0
 − 2 9 4
```

(8)
```
   3 5 6
 − 1 5 9
```

(9)
```
    3 3 4
  - 1 5 6
  ───────
```

(13)
```
    3 7 1
  - 2 9 4
  ───────
```

(10)
```
    3 4 0
  - 2 7 5
  ───────
```

(14)
```
    3 4 2
  - 2 6 3
  ───────
```

(11)
```
    3 0 3
  - 1 6 4
  ───────
```

(15)
```
    3 5 5
  - 1 7 7
  ───────
```

(12)
```
    3 5 2
  - 2 8 7
  ───────
```

(16)
```
    3 6 4
  - 2 8 9
  ───────
```

● 뺄셈을 하세요.

(1)

□	□	□
3	$\cancel{1}$	2
− 2	4	5

(5)

	4	4	0
−	3	8	4

(2)

	2	2	0
−	1	7	6

(6)

	4	3	5
−	1	9	6

(3)

	4	2	3
−	3	5	0

(7)

	4	4	3
−	1	4	7

(4)

	4	0	2
−	2	3	7

(8)

	4	1	4
−	2	2	5

(9)
```
    4 2 5
  - 2 6 7
  ───────
```

(13)
```
    4 8 2
  - 1 9 5
  ───────
```

(10)
```
    4 0 3
  - 3 5 4
  ───────
```

(14)
```
    4 7 0
  - 3 6 2
  ───────
```

(11)
```
    4 5 6
  - 2 7 8
  ───────
```

(15)
```
    4 6 3
  - 1 7 8
  ───────
```

(12)
```
    4 1 7
  - 3 7 9
  ───────
```

(16)
```
    4 5 4
  - 2 5 7
  ───────
```

MD03 받아내림이 있는 (세 자리 수) − (세 자리 수) (3)

● 뺄셈을 하세요.

(1)
```
   2 1 3
 - 1 7 4
---------
```

(2)
```
   2 5 0
 - 1 4 8
---------
```

(3)
```
   3 0 7
 - 2 7 9
---------
```

(4)
```
   3 4 6
 - 1 8 7
---------
```

(5)
```
   3 5 2
 - 2 7 3
---------
```

(6)
```
   4 1 4
 - 2 2 5
---------
```

(7)
```
   2 4 0
 - 1 7 7
---------
```

(8)
```
   3 1 5
 - 2 4 8
---------
```

(9)
```
    4 7 2
  - 2 7 5
```

(13)
```
    3 4 8
  - 1 7 9
```

(10)
```
    3 6 4
  - 1 8 9
```

(14)
```
    4 5 0
  - 3 8 5
```

(11)
```
    4 5 1
  - 2 9 3
```

(15)
```
    4 1 3
  - 1 7 8
```

(12)
```
    3 0 6
  - 2 4 8
```

(16)
```
    3 3 2
  - 1 4 6
```

MD03 받아내림이 있는 (세 자리 수) - (세 자리 수) (3)

● 뺄셈을 하세요.

(1)
```
    2 3 4
  - 1 5 7
```

(5)
```
    3 0 4
  - 2 3 6
```

(2)
```
    2 1 0
  - 1 6 4
```

(6)
```
    4 2 6
  - 1 3 9
```

(3)
```
    3 2 1
  - 1 3 9
```

(7)
```
    4 3 5
  - 2 2 7
```

(4)
```
    4 2 0
  - 3 4 1
```

(8)
```
    2 1 7
  - 1 4 8
```

(9)
```
    3 4 2
  - 2 8 3
  ───────
```

(13)
```
    2 6 0
  - 1 7 9
  ───────
```

(10)
```
    4 0 3
  - 1 6 6
  ───────
```

(14)
```
    3 5 4
  - 2 9 5
  ───────
```

(11)
```
    2 5 2
  - 1 7 9
  ───────
```

(15)
```
    4 4 7
  - 2 8 9
  ───────
```

(12)
```
    4 7 1
  - 3 7 5
  ───────
```

(16)
```
    3 8 2
  - 1 8 7
  ───────
```

MD03 받아내림이 있는 (세 자리 수) − (세 자리 수) (3)

● 뺄셈을 하세요.

(1)
$$\begin{array}{r} 5\ 3\ 2 \\ -\ 4\ 2\ 7 \\ \hline \end{array}$$

(5)
$$\begin{array}{r} 5\ 5\ 6 \\ -\ 2\ 5\ 9 \\ \hline \end{array}$$

(2)
$$\begin{array}{r} 4\ 1\ 3 \\ -\ 2\ 4\ 6 \\ \hline \end{array}$$

(6)
$$\begin{array}{r} 5\ 6\ 0 \\ -\ 3\ 8\ 6 \\ \hline \end{array}$$

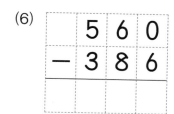

(3)
$$\begin{array}{r} 5\ 0\ 5 \\ -\ 3\ 8\ 7 \\ \hline \end{array}$$

(7)
$$\begin{array}{r} 5\ 2\ 1 \\ -\ 1\ 3\ 7 \\ \hline \end{array}$$

(4)
$$\begin{array}{r} 3\ 4\ 0 \\ -\ 1\ 6\ 7 \\ \hline \end{array}$$

(8)
$$\begin{array}{r} 5\ 2\ 4 \\ -\ 4\ 8\ 5 \\ \hline \end{array}$$

(9)
```
    5 2 5
  - 3 6 6
  ───────
```

(13)
```
    6 2 6
  - 1 7 7
  ───────
```

(10)
```
    6 3 0
  - 2 5 4
  ───────
```

(14)
```
    6 5 4
  - 4 5 6
  ───────
```

(11)
```
    6 4 2
  - 3 7 8
  ───────
```

(15)
```
    6 0 5
  - 1 2 8
  ───────
```

(12)
```
    6 1 5
  - 4 9 8
  ───────
```

(16)
```
    6 7 3
  - 5 9 6
  ───────
```

MD03 받아내림이 있는 (세 자리 수)-(세 자리 수) (3)

● 뺄셈을 하세요.

(1)
```
    7 1 5
  - 4 4 5
```

(5)
```
    7 1 0
  - 1 4 7
```

(2)
```
    6 4 0
  - 5 7 3
```

(6)
```
    7 5 1
  - 5 8 3
```

(3)
```
    7 3 6
  - 6 4 7
```

(7)
```
    7 0 3
  - 2 5 6
```

(4)
```
    5 2 8
  - 3 5 9
```

(8)
```
    7 4 2
  - 4 8 6
```

(9)
```
    7 6 2
  - 4 8 9
  _____
```

(13)
```
    9 5 6
  - 1 7 9
  _____
```

(10)
```
    8 7 0
  - 2 8 3
  _____
```

(14)
```
    9 1 7
  - 3 6 8
  _____
```

(11)
```
    8 0 4
  - 5 0 9
  _____
```

(15)
```
    9 5 3
  - 5 6 9
  _____
```

(12)
```
    8 3 5
  - 3 7 8
  _____
```

(16)
```
    9 4 2
  - 6 9 4
  _____
```

MD03 받아내림이 있는 (세 자리 수) − (세 자리 수) (3)

● 뺄셈을 하세요.

(1)
```
    2 3 0
  − 1 4 3
  ───────
```

(2)
```
    3 1 4
  − 2 5 6
  ───────
```

(3)
```
    3 8 0
  − 1 7 4
  ───────
```

(4)
```
    4 3 2
  − 1 4 5
  ───────
```

(5)
```
    3 2 1
  − 2 5 6
  ───────
```

(6)
```
    5 0 3
  − 3 9 6
  ───────
```

(7)
```
    3 0 4
  − 1 8 5
  ───────
```

(8)
```
    5 1 5
  − 2 9 7
  ───────
```

(9)
```
   4 5 6
 - 3 6 8
```

(13)
```
   5 2 7
 - 2 3 9
```

(10)
```
   5 3 4
 - 1 9 7
```

(14)
```
   4 0 2
 - 3 4 6
```

(11)
```
   3 1 0
 - 1 8 5
```

(15)
```
   6 5 3
 - 5 8 5
```

(12)
```
   5 4 3
 - 3 7 6
```

(16)
```
   7 4 2
 - 5 4 7
```

MD03 받아내림이 있는 (세 자리 수)−(세 자리 수) (3)

● 뺄셈을 하세요.

(1)
```
    2 4 0
  - 1 6 5
```

(5)
```
    4 1 7
  - 3 8 9
```

(2)
```
    3 5 3
  - 2 8 4
```

(6)
```
    3 6 4
  - 1 7 3
```

(3)
```
    2 2 1
  - 1 5 7
```

(7)
```
    3 0 4
  - 2 7 6
```

(4)
```
    3 0 2
  - 2 3 6
```

(8)
```
    2 3 5
  - 1 8 8
```

(9)
```
    4 2 3
  - 2 7 6
  ───────
```

(13)
```
    8 4 5
  - 5 6 8
  ───────
```

(10)
```
    3 0 5
  - 1 8 9
  ───────
```

(14)
```
    5 5 3
  - 4 7 4
  ───────
```

(11)
```
    5 6 2
  - 3 6 7
  ───────
```

(15)
```
    6 8 0
  - 1 9 3
  ───────
```

(12)
```
    3 7 4
  - 2 9 5
  ───────
```

(16)
```
    4 5 7
  - 3 7 8
  ───────
```

MD03 받아내림이 있는 (세 자리 수) - (세 자리 수) (3)

● 뺄셈을 하세요.

(1)
```
  2 1 6
- 1 4 7
```

(5)
```
  4 5 0
- 2 9 6
```

(2)
```
  2 3 0
- 1 6 4
```

(6)
```
  5 3 1
- 1 7 4
```

(3)
```
  3 0 3
- 1 5 7
```

(7)
```
  4 3 2
- 3 9 5
```

(4)
```
  3 2 4
- 2 4 5
```

(8)
```
  5 2 5
- 3 2 8
```

(9)
```
    3 4 3
  - 1 6 7
  ───────
```

(13)
```
    5 7 6
  - 2 5 9
  ───────
```

(10)
```
    4 0 6
  - 3 4 7
  ───────
```

(14)
```
    4 5 1
  - 1 8 5
  ───────
```

(11)
```
    3 4 2
  - 2 8 5
  ───────
```

(15)
```
    3 1 0
  - 2 5 6
  ───────
```

(12)
```
    6 3 4
  - 3 7 6
  ───────
```

(16)
```
    9 4 7
  - 5 9 8
  ───────
```

MD03 받아내림이 있는 (세 자리 수) - (세 자리 수) (3)

● 뺄셈을 하세요.

(1)
```
  4 3 1
- 3 4 5
-------
```

(5)
```
  2 5 0
- 1 8 4
-------
```

(2)
```
  2 0 3
- 1 2 9
-------
```

(6)
```
  3 5 2
- 1 3 4
-------
```

(3)
```
  3 2 3
- 1 7 5
-------
```

(7)
```
  4 6 0
- 2 6 5
-------
```

(4)
```
  5 1 6
- 3 3 7
-------
```

(8)
```
  5 7 4
- 4 9 8
-------
```

(9)
```
    3 5 3
  - 2 7 4
  ─────────
```

(13)
```
    4 8 0
  - 2 9 3
  ─────────
```

(10)
```
    6 0 2
  - 3 6 3
  ─────────
```

(14)
```
    8 6 1
  - 3 9 4
  ─────────
```

(11)
```
    4 3 6
  - 1 7 8
  ─────────
```

(15)
```
    5 7 2
  - 2 8 5
  ─────────
```

(12)
```
    5 2 4
  - 3 9 7
  ─────────
```

(16)
```
    4 5 8
  - 3 7 9
  ─────────
```

MD03 받아내림이 있는 (세 자리 수)−(세 자리 수) (3)

● 뺄셈을 하세요.

(1)
```
  2 1 3
− 1 5 4
───────
```

(2)
```
  3 2 0
− 2 6 4
───────
```

(3)
```
  4 3 5
− 1 4 7
───────
```

(4)
```
  2 1 0
− 1 8 3
───────
```

(5)
```
  4 3 4
− 3 8 7
───────
```

(6)
```
  3 0 4
− 2 5 2
───────
```

(7)
```
  5 2 6
− 1 5 7
───────
```

(8)
```
  3 4 4
− 1 9 8
───────
```

(9)
```
    3 1 5
  - 1 6 7
  -------
```

(13)
```
    5 2 0
  - 2 3 5
  -------
```

(10)
```
    5 3 2
  - 3 4 4
  -------
```

(14)
```
    8 3 1
  - 6 7 5
  -------
```

(11)
```
    7 5 4
  - 4 8 5
  -------
```

(15)
```
    4 5 3
  - 3 8 6
  -------
```

(12)
```
    4 0 3
  - 2 9 6
  -------
```

(16)
```
    5 4 2
  - 2 5 7
  -------
```

MD03 받아내림이 있는 (세 자리 수) - (세 자리 수) (3)

● 뺄셈을 하세요.

(1)
```
    3 4 1
  - 2 5 7
```

(5)
```
    5 4 0
  - 3 9 6
```

(2)
```
    2 5 3
  - 1 6 0
```

(6)
```
    4 2 5
  - 1 6 8
```

(3)
```
    4 0 6
  - 3 7 7
```

(7)
```
  1 3 7 0
  -   1 7 9
```

(4)
```
    6 5 2
  - 4 6 8
```

(8)
```
  1 7 1 4
  -   4 3 7
```

(9)

```
    3 6 3
  - 2 7 5
```

(13)

```
    4 2 1
  - 1 6 4
```

(10)

```
    7 0 1
  - 4 4 3
```

(14)

```
    8 6 4
  - 5 9 3
```

(11)

```
    6 7 2
  - 5 8 5
```

(15)

```
    9 5 0
  - 7 8 8
```

(12)

```
    5 5 6
  - 1 6 8
```

(16)

```
    5 4 5
  - 2 7 8
```

MD03 받아내림이 있는 (세 자리 수) - (세 자리 수) (3)

● 뺄셈을 하세요.

(1)
```
    3 3 2
  - 1 5 5
  -------
```

(5)
```
    2 3 4
  - 1 4 9
  -------
```

(2)
```
    2 0 1
  - 1 0 6
  -------
```

(6)
```
    4 2 0
  - 3 7 9
  -------
```

(3)
```
    3 1 4
  - 1 8 7
  -------
```

(7)
```
  1 6 4 6
  -   4 8 7
  -------
```

(4)
```
    5 0 3
  - 3 7 8
  -------
```

(8)
```
  1 7 2 2
  -   2 6 3
  -------
```

(9)
```
    4 1 2
  - 1 7 5
  ───────
```

(13)
```
    8 5 1
  - 6 4 7
  ───────
```

(10)
```
    5 2 3
  - 2 9 6
  ───────
```

(14)
```
    4 0 4
  - 2 2 6
  ───────
```

(11)
```
    7 3 0
  - 4 5 7
  ───────
```

(15)
```
    6 3 6
  - 3 7 9
  ───────
```

(12)
```
    9 5 4
  - 5 8 9
  ───────
```

(16)
```
    5 2 5
  - 1 3 8
  ───────
```

MD03 받아내림이 있는 (세 자리 수) - (세 자리 수) (3)

● 뺄셈을 하세요.

(1)
```
    4 3 0
  - 3 2 7
```

(5)
```
    6 7 1
  - 2 8 3
```

(2)
```
    5 6 3
  - 2 7 8
```

(6)
```
    4 0 3
  - 1 5 6
```

(3)
```
    3 5 2
  - 1 7 9
```

(7)
```
  2 3 2 5
  -   2 4 9
```

(4)
```
    5 4 0
  - 4 8 2
```

(8)
```
  1 7 4 7
  -   4 5 8
```

(9)
```
    4 5 0
  - 3 7 4
  _____
```

(13)
```
    5 3 1
  - 1 6 3
  _____
```

(10)
```
    6 8 2
  - 1 8 3
  _____
```

(14)
```
    7 6 4
  - 3 8 7
  _____
```

(11)
```
    4 6 5
  - 2 7 8
  _____
```

(15)
```
    8 0 6
  - 4 9 9
  _____
```

(12)
```
    9 5 3
  - 5 9 5
  _____
```

(16)
```
    6 5 2
  - 3 5 6
  _____
```

MD03 받아내림이 있는 (세 자리 수)−(세 자리 수) (3)

● 뺄셈을 하세요.

(1)
```
    5 3 4
  − 3 4 8
```

(5)
```
    6 3 0
  − 1 7 4
```

(2)
```
    5 2 0
  − 2 1 9
```

(6)
```
    3 4 2
  − 1 5 8
```

(3)
```
    3 0 1
  − 2 3 6
```

(7)
```
    1 6 1 3
  −   4 3 6
```

(4)
```
    4 1 5
  − 3 2 7
```

(8)
```
    2 5 2 7
  −   3 5 9
```

(9)

```
    4 3 2
  - 2 4 5
```

(13)

```
    5 1 3
  - 1 8 5
```

(10)

```
    6 2 0
  - 3 4 8
```

(14)

```
    8 5 4
  - 5 9 7
```

(11)

```
    7 0 7
  - 4 6 9
```

(15)

```
    9 4 6
  - 7 6 8
```

(12)

```
    7 4 1
  - 6 7 6
```

(16)

```
    7 5 7
  - 3 7 8
```

MD03 받아내림이 있는 (세 자리 수) - (세 자리 수) (3)

● 뺄셈을 하세요.

(1)
```
   4 3 5
 - 2 4 7
 -------
```

(5)
```
   2 0 1
 - 1 6 3
 -------
```

(2)
```
   3 4 0
 - 1 7 6
 -------
```

(6)
```
   4 4 7
 - 3 5 8
 -------
```

(3)
```
   5 1 4
 - 3 5 4
 -------
```

(7)
```
   3 6 5 3
 -   4 5 9
 ---------
```

(4)
```
   5 2 0
 - 2 7 5
 -------
```

(8)
```
   1 7 6 2
 -   3 8 4
 ---------
```

(9)
```
    4 6 4
  - 2 8 9
  ───────
```

(13)
```
    6 0 6
  - 5 4 5
  ───────
```

(10)
```
    5 7 3
  - 1 7 4
  ───────
```

(14)
```
    7 6 3
  - 4 8 5
  ───────
```

(11)
```
    9 5 0
  - 3 8 1
  ───────
```

(15)
```
    9 3 1
  - 6 7 4
  ───────
```

(12)
```
    7 7 2
  - 5 8 6
  ───────
```

(16)
```
    8 5 4
  - 7 9 8
  ───────
```

MD03 받아내림이 있는 (세 자리 수) - (세 자리 수) (3)

● |보기|와 같이 틀린 답을 바르게 고치세요.

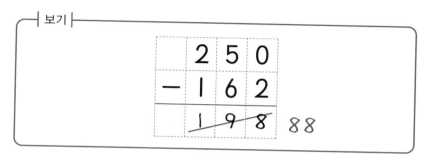

|보기|

$$
\begin{array}{r}
2\ 5\ 0 \\
-\ 1\ 6\ 2 \\
\hline
1\ \cancel{9\ 8} \quad 88
\end{array}
$$

(1)
$$
\begin{array}{r}
3\ 1\ 0 \\
-\ 1\ 7\ 3 \\
\hline
1\ 4\ 7
\end{array}
$$

(3)
$$
\begin{array}{r}
2\ 0\ 4 \\
-\ 1\ 5\ 5 \\
\hline
1\ 4\ 9
\end{array}
$$

(2)
$$
\begin{array}{r}
4\ 2\ 1 \\
-\ 2\ 1\ 5 \\
\hline
2\ 1\ 6
\end{array}
$$

(4)
$$
\begin{array}{r}
5\ 4\ 3 \\
-\ 3\ 5\ 4 \\
\hline
2\ 8\ 9
\end{array}
$$

Talk 받아내림이 있는 뺄셈을 세로셈으로 계산할 때 받아내림한 수 1을 빼 주어야 함을 잊지 않도록 주의합니다.

(5)
```
    2 3 1
  - 1 7 8
    1 5 3
```

(9)
```
    7 0 2
  - 3 1 5
    3 9 7
```

(6)
```
    3 4 0
  - 1 6 6
    2 7 4
```

(10)
```
    5 1 7
  - 4 6 8
      5 9
```

(7)
```
    6 5 3
  - 4 7 8
    1 8 5
```

(11)
```
    9 3 4
  - 4 7 6
    5 5 8
```

(8)
```
    4 7 2
  - 2 8 9
    1 9 3
```

(12)
```
    8 2 5
  - 6 3 7
    2 8 8
```

MD03 받아내림이 있는 (세 자리 수) − (세 자리 수) (3)

● 틀린 답을 바르게 고치세요.

(1)
```
    2 3 0
  - 1 8 4
    1 5 6
```

(5)
```
    3 4 0
  - 1 6 5
    2 8 5
```

(2)
```
    4 2 5
  - 2 6 3
    2 6 2
```

(6)
```
    6 5 3
  - 3 7 4
    3 8 9
```

(3)
```
    3 1 0
  - 2 4 9
    1 7 1
```

(7)
```
    7 1 4
  - 2 8 7
    5 3 7
```

(4)
```
    5 3 1
  - 2 3 7
    3 0 4
```

(8)
```
    4 0 5
  - 3 8 7
    1 2 8
```

(9)

	6	7	5
−	5	9	9
	1	8	6

(13)

	3	5	2
−	1	5	9
	2	0	3

(10)

	5	3	4
−	2	8	7
	3	5	7

(14)

	4	2	1
−	1	9	6
	3	3	5

(11)

	8	2	3
−	4	5	8
	4	7	5

(15)

	6	3	4
−	2	7	8
	4	6	6

(12)

	9	6	2
−	7	8	6
	2	8	6

(16)

	9	5	3
−	3	8	5
	6	7	8

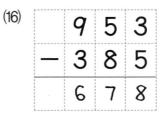

받아내림이 있는
(세 자리 수)-(세 자리 수) (4)

4주차

요일	교재 번호	학습한 날짜		확인
1일차(월)	01~08	월	일	
2일차(화)	09~16	월	일	
3일차(수)	17~24	월	일	
4일차(목)	25~32	월	일	
5일차(금)	33~40	월	일	

● 뺄셈을 하세요.

(1)
```
    2  5  4
 -  1  4  8
_____

```

(5)
```
    1  9  5
 -  1  8  6
_____

```

(2)
```
    5  3  5
 -  2  3  7
_____

```

(6)
```
    4  8  2
 -  2  6  5
_____

```

(3)
```
    3  4  6
 -  1  6  7
_____

```

(7)
```
    5  6  2
 -  3  7  8
_____

```

(4)
```
    4  3  1
 -  1  7  9
_____

```

(8)
```
    3  8  4
 -  2  4  5
_____

```

(9)
```
    6 4 3
-   4 5 9
─────────
```

(13)
```
    6 4 9
-   1 5 8
─────────
```

(10)
```
    9 5 8
-   2 6 3
─────────
```

(14)
```
    8 8 2
-   6 9 5
─────────
```

(11)
```
    8 5 6
-   3 6 8
─────────
```

(15)
```
    7 4 0
-   3 4 7
─────────
```

(12)
```
    7 7 3
-   5 8 4
─────────
```

(16)
```
    9 7 1
-   6 5 4
─────────
```

● 뺄셈을 하세요.

(1)
```
    2 6 0
  - 1 9 9
  -------
```

(5)
```
    2 0 2
  - 1 0 5
  -------
```

(2)
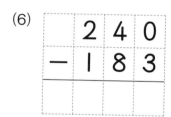
```
    1 9 10
    2 0̸ 0̸
  - 1 0 8
  -------
      9 2
```

(6)
```
    2 4 0
  - 1 8 3
  -------
```

(3)
```
    2 0 0
  - 1 1 6
  -------
```

(7)
```
    3 5 7
  - 2 3 8
  -------
```

(4)
```
    2 0 0
  - 1 7 0
  -------
```

(8)
```
    3 0 0
  - 1 0 9
  -------
```

(9)

```
    2 0 0
  - 1 0 5
```

(13)

```
    2 0 8
  - 1 0 9
```

(10)

```
    4 0 0
  - 3 0 6
```

(14)

```
    5 0 7
  - 3 3 0
```

(11)

```
    3 4 0
  - 2 0 7
```

(15)

```
    3 0 0
  - 1 0 8
```

(12)

```
    4 6 2
  - 1 7 5
```

(16)

```
    5 0 6
  - 2 4 9
```

MD04 받아내림이 있는 (세 자리 수) − (세 자리 수) (4)

● 뺄셈을 하세요.

(1)
$$\begin{array}{r} \boxed{3}\ \boxed{10} \\ 4\!\!\!/\ 0\ 0 \\ -\ 2\ 3\ 0 \\ \hline \end{array}$$

(5)
$$\begin{array}{r} 5\ 0\ 0 \\ -\ 3\ 0\ 8 \\ \hline \end{array}$$

(2)
$$\begin{array}{r} 3\ 0\ 0 \\ -\ 1\ 5\ 7 \\ \hline \end{array}$$

(6)
$$\begin{array}{r} 4\ 0\ 3 \\ -\ 2\ 1\ 8 \\ \hline \end{array}$$

(3)
$$\begin{array}{r} 4\ 0\ 1 \\ -\ 1\ 0\ 8 \\ \hline \end{array}$$

(7)
$$\begin{array}{r} 5\ 0\ 8 \\ -\ 4\ 2\ 0 \\ \hline \end{array}$$

(4)
$$\begin{array}{r} 5\ 8\ 0 \\ -\ 1\ 4\ 2 \\ \hline \end{array}$$

(8)
$$\begin{array}{r} 5\ 4\ 7 \\ -\ 2\ 7\ 9 \\ \hline \end{array}$$

(9)
```
    6 0 0
  - 3 2 3
  -------
```

(13)
```
    8 0 0
  - 4 3 0
  -------
```

(10)
```
    7 0 4
  - 3 0 7
  -------
```

(14)
```
    6 3 0
  - 4 4 6
  -------
```

(11)
```
    6 0 5
  - 2 7 8
  -------
```

(15)
```
    8 0 6
  - 5 0 8
  -------
```

(12)
```
    7 0 0
  - 5 0 5
  -------
```

(16)
```
    7 4 2
  - 4 5 9
  -------
```

MD04 받아내림이 있는 (세 자리 수)-(세 자리 수) (4)

● 뺄셈을 하세요.

(1)
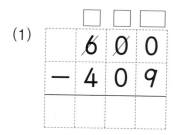

```
    □ □ □
    6 0 0
  − 4 0 9
  ───────
```

(5)
```
    6 0 3
  − 3 0 8
  ───────
```

(2)
```
    7 0 0
  − 2 2 4
  ───────
```

(6)
```
    9 0 6
  − 2 3 0
  ───────
```

(3)
```
    8 5 1
  − 6 7 3
  ───────
```

(7)
```
    8 0 0
  − 5 1 8
  ───────
```

(4)
```
    7 3 0
  − 1 8 2
  ───────
```

(8)
```
    9 3 2
  − 4 8 5
  ───────
```

(9)
```
    9 0 0
-   6 7 0
─────────
```

(13)
```
    8 0 0
-   4 0 5
─────────
```

(10)
```
    7 0 0
-   1 8 9
─────────
```

(14)
```
    9 0 7
-   3 9 0
─────────
```

(11)
```
    9 0 4
-   7 0 8
─────────
```

(15)
```
    6 0 6
-   5 6 7
─────────
```

(12)
```
    8 3 0
-   6 2 7
─────────
```

(16)
```
    9 2 3
-   2 4 8
─────────
```

● 뺄셈을 하세요.

(1)
```
    5 5 0
 -  1 4 5
```

(5)
```
    4 9 6
 -    6 9
```
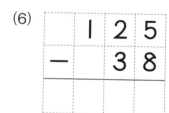

(2)
```
    3 0 1
 -  1 8 3
```

(6)
```
    1 2 5
 -    3 8
```
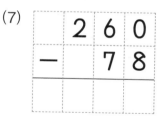

(3)
```
    2 0 0
 -  1 5 6
```

(7)
```
    2 6 0
 -    7 8
```

(4)
```
    3 1 7
 -    2 8
```

(8)
```
    4 6 5
 -    6 7
```

(9)
```
    8 0 0
 -  2 2 7
 ─────────
```

(13)
```
    5 2 4
 -    4 6
 ─────────
```

(10)
```
    5 0 3
 -  3 9 5
 ─────────
```

(14)
```
    9 6 1
 -    7 3
 ─────────
```

(11)
```
    7 2 0
 -  4 4 8
 ─────────
```

(15)
```
    6 3 7
 -    5 9
 ─────────
```

(12)
```
    6 4 0
 -    8 4
 ─────────
```

(16)
```
    8 2 6
 -    3 8
 ─────────
```

MD04 받아내림이 있는 (세 자리 수) - (세 자리 수) (4)

● 뺄셈을 하세요.

(1)
```
    1 3 0
  -   2 4
  -------
```

(5)
```
    1 0 0
  -   5 0
  -------
```

(2)
```
    0  9 10
    1̸ 0̸ 0
  -   3 1
  -------
      6 9
```
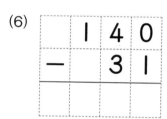

(6)
```
    1 4 0
  -   3 1
  -------
```

(3)
```
    1 0 0
  -   7 9
  -------
```

(7)
```
    1 0 3
  -   6 7
  -------
```

(4)
```
    1 0 2
  -   4 5
  -------
```

(8)
```
    1 5 4
  -   9 6
  -------
```

(9)

```
    2 0 0
  －   7 7
  ─────────
```

(13)

```
    2 5 0
  －   6 7
  ─────────
```

(10)

```
    2 0 7
  －   1 9
  ─────────
```

(14)

```
    2 0 0
  －   3 3
  ─────────
```

(11)

```
    2 0 0
  －   5 0
  ─────────
```

(15)

```
    2 6 3
  －   5 6
  ─────────
```

(12)

```
    2 0 4
  －   4 5
  ─────────
```

(16)

```
    2 0 5
  －   2 8
  ─────────
```

MD04 받아내림이 있는 (세 자리 수)−(세 자리 수) (4)

● 뺄셈을 하세요.

(1)
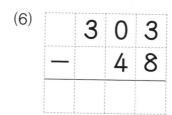

$$\begin{array}{r} \square\ \square\ \square \\ 3\ \cancel{0}\ 5 \\ -\quad 5\ 7 \\ \hline \end{array}$$

(5)
$$\begin{array}{r} 3\ 0\ 2 \\ -\quad 1\ 6 \\ \hline \end{array}$$

(2)
$$\begin{array}{r} 3\ 0\ 0 \\ -\quad 7\ 3 \\ \hline \end{array}$$

(6)
$$\begin{array}{r} 3\ 0\ 3 \\ -\quad 4\ 8 \\ \hline \end{array}$$

(3)
$$\begin{array}{r} 3\ 2\ 0 \\ -\quad 8\ 5 \\ \hline \end{array}$$

(7)
$$\begin{array}{r} 3\ 0\ 0 \\ -\quad 6\ 0 \\ \hline \end{array}$$

(4)
$$\begin{array}{r} 3\ 0\ 0 \\ -\quad 3\ 4 \\ \hline \end{array}$$

(8)
$$\begin{array}{r} 3\ 3\ 3 \\ -\quad 9\ 7 \\ \hline \end{array}$$

(9)
```
    4 0 0
  -   3 4
  ───────
```

(13)
```
    5 0 0
  -   9 0
  ───────
```

(10)
```
    5 0 1
  -   2 6
  ───────
```

(14)
```
    5 0 0
  -   8 6
  ───────
```

(11)
```
    4 0 4
  -   6 7
  ───────
```

(15)
```
    4 0 6
  -   7 9
  ───────
```

(12)
```
    5 2 0
  -   4 3
  ───────
```

(16)
```
    4 7 3
  -   5 8
  ───────
```

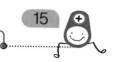

MD04 받아내림이 있는 (세 자리 수) − (세 자리 수) (4)

● 뺄셈을 하세요.

(1)

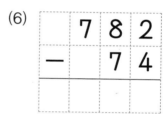

```
□  □  □
   6̸  0̸  0
−     4  8
```

(5)

```
   7  0  3
−     1  5
```

(2)

```
   6  4  0
−     5  9
```

(6)

```
   7  8  2
−     7  4
```

(3)

```
   7  0  0
−     6  2
```

(7)

```
   6  0  0
−     3  1
```

(4)

```
   6  0  4
−     2  6
```

(8)

```
   7  0  5
−     8  7
```

(9)
```
    8 0 0
  -   5 3
  -------
```

(13)
```
    9 0 3
  -   2 5
  -------
```

(10)
```
    8 0 1
  -   3 4
  -------
```

(14)
```
    9 0 2
  -   9 7
  -------
```

(11)
```
    8 0 0
  -   6 8
  -------
```

(15)
```
    9 0 0
  -   7 6
  -------
```

(12)
```
    8 3 4
  -   4 6
  -------
```

(16)
```
    9 6 0
  -   8 0
  -------
```

MD04 받아내림이 있는 (세 자리 수) - (세 자리 수) (4)

● 뺄셈을 하세요.

(1)
```
    1 3 0
  -   1 8
  ───────
```

(5)
```
    4 1 5
  -     9
  ───────
```

(2)
```
    2 0 0
  -   7 5
  ───────
```

(6)
```
    1 5 0
  -     3
  ───────
```

(3)
```
    3 0 2
  -   3 4
  ───────
```

(7)
```
    2 5 7
  -     8
  ───────
```

(4)
```
    4 2 6
  -     5
  ───────
```

(8)
```
    3 2 8
  -     9
  ───────
```

(9)
```
    5 0 2
-     2 5
─────────
```

(13)
```
    5 1 6
-       9
─────────
```

(10)
```
    7 0 0
-     9 6
─────────
```

(14)
```
    6 2 5
-       8
─────────
```

(11)
```
    6 3 0
-     4 8
─────────
```

(15)
```
    7 1 2
-       4
─────────
```

(12)
```
    8 9 5
-       7
─────────
```

(16)
```
    9 6 3
-       6
─────────
```

MD04 받아내림이 있는 (세 자리 수) - (세 자리 수) (4)

● 뺄셈을 하세요.

(1)
```
    1 1 0
  -     2
  ───────
```

(5)
```
    1 0 0
  -     3
  ───────
```

(2)
```
   0  9  10
    1 0 0
  -     5
  ───────
    9 5
```
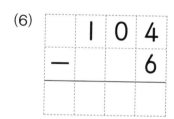

(6)
```
    1 0 4
  -     6
  ───────
```

(3)
```
    1 0 2
  -     3
  ───────
```

(7)
```
    1 0 0
  -     1
  ───────
```
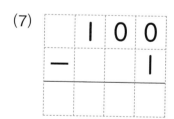

(4)
```
    1 0 3
  -     4
  ───────
```

(8)
```
    1 1 1
  -     5
  ───────
```
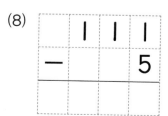

(9)

```
    1 0 0
  -     7
  ───────
```

(13)

```
    1 0 0
  -     8
  ───────
```

(10)

```
    1 1 0
  -     6
  ───────
```

(14)

```
    1 1 5
  -     7
  ───────
```

(11)

```
    1 0 7
  -     8
  ───────
```

(15)

```
    1 0 0
  -     6
  ───────
```

(12)

```
    1 0 8
  -     9
  ───────
```

(16)

```
    1 0 6
  -     9
  ───────
```

● 뺄셈을 하세요.

(1)
```
☐ ☐ ☐
  2 0̸ 0
-     4
―――――
```

(5)
```
  2 3 0
-     5
―――――
```

(2)
```
  2 0 0
-     8
―――――
```

(6)
```
  3 0 6
-     8
―――――
```

(3)
```
  2 0 4
-     7
―――――
```

(7)
```
  3 3 3
-     9
―――――
```

(4)
```
  3 0 0
-     3
―――――
```

(8)
```
  5 0 3
-     4
―――――
```

(9)
```
    3 4 0
  -     6
  ───────
```

(13)
```
    5 0 4
  -     6
  ───────
```

(10)
```
    4 0 0
  -     7
  ───────
```

(14)
```
    5 0 0
  -     3
  ───────
```

(11)
```
    5 2 1
  -     2
  ───────
```

(15)
```
    4 0 1
  -     5
  ───────
```

(12)
```
    4 0 5
  -     9
  ───────
```

(16)
```
    4 0 0
  -     4
  ───────
```

MD04 받아내림이 있는 (세 자리 수) − (세 자리 수) (4)

● 뺄셈을 하세요.

(1)
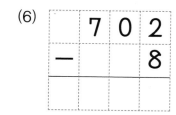

$$
\begin{array}{r}
6\ \cancel{0}\ 3 \\
-\quad\quad 5 \\
\hline
\end{array}
$$

(5)
$$
\begin{array}{r}
7\ 0\ 0 \\
-\quad\quad 4 \\
\hline
\end{array}
$$

(2)
$$
\begin{array}{r}
6\ 0\ 0 \\
-\quad\quad 3 \\
\hline
\end{array}
$$

(6)
$$
\begin{array}{r}
7\ 0\ 2 \\
-\quad\quad 8 \\
\hline
\end{array}
$$

(3)
$$
\begin{array}{r}
7\ 0\ 4 \\
-\quad\quad 6 \\
\hline
\end{array}
$$

(7)
$$
\begin{array}{r}
8\ 2\ 0 \\
-\quad\quad 2 \\
\hline
\end{array}
$$

(4)
$$
\begin{array}{r}
6\ 6\ 3 \\
-\quad\quad 7 \\
\hline
\end{array}
$$

(8)
$$
\begin{array}{r}
8\ 0\ 0 \\
-\quad\quad 6 \\
\hline
\end{array}
$$

(9)

```
    9 0 0
-       4
─────────
```

(13)

```
    9 4 6
-       8
─────────
```

(10)

```
    7 0 8
-       9
─────────
```

(14)

```
    9 0 7
-       9
─────────
```

(11)

```
    6 3 0
-       5
─────────
```

(15)

```
    9 0 0
-       3
─────────
```

(12)

```
    8 0 0
-       7
─────────
```

(16)

```
    8 0 2
-       6
─────────
```

● 뺄셈을 하세요.

(1)
```
    2 0 2
  -     2
```

(5)
```
    4 0 7
  -   1 5
```

(2)
```
    3 0 4
  -     7
```

(6)
```
    2 0 0
  -   8 3
```

(3)
```
    4 0 5
  -     6
```

(7)
```
    5 0 6
  -   9 8
```

(4)
```
    5 2 3
  -     8
```

(8)
```
    3 0 0
  -   1 4
```

(9)
```
    6 0 0
  -   4 2
  ───────
```

(13)
```
    7 0 0
  - 5 0 8
  ───────
```

(10)
```
    8 2 1
  -   1 4
  ───────
```

(14)
```
    8 0 8
  - 4 2 6
  ───────
```

(11)
```
    6 0 7
  - 3 2 8
  ───────
```

(15)
```
    7 0 3
  - 3 4 5
  ───────
```

(12)
```
    9 0 3
  - 5 6 7
  ───────
```

(16)
```
    9 3 4
  - 7 4 6
  ───────
```

● 뺄셈을 하세요.

(1)
```
    4 0 7
  - 2 3 0
  ───────
```

(5)
```
    3 0 0
  - 1 1 3
  ───────
```

(2)
```
    5 0 3
  - 3 0 8
  ───────
```

(6)
```
    8 0 0
  - 6 7 7
  ───────
```

(3)
```
    7 0 0
  - 4 0 3
  ───────
```

(7)
```
  1 5 0 0
  -   2 0 0
  ─────────
```

(4)
```
    8 0 8
  - 5 5 0
  ───────
```

(8)
```
  2 3 7 6
  -   1 6 4
  ─────────
```

(9)
```
   2 0 0
 - 1 0 3
─────────
```

(13)
```
   6 0 0
 - 3 0 8
─────────
```

(10)
```
   3 0 5
 - 2 3 4
─────────
```

(14)
```
   3 5 0
 - 1 0 9
─────────
```

(11)
```
   5 0 8
 - 3 2 0
─────────
```

(15)
```
   7 0 3
 - 4 7 0
─────────
```

(12)
```
   2 0 8
 - 1 6 5
─────────
```

(16)
```
   9 0 0
 - 7 3 1
─────────
```

MD04 받아내림이 있는 (세 자리 수)-(세 자리 수) (4)

● 뺄셈을 하세요.

(1)
```
  2 0 4
- 1 2 0
```

(5)
```
  2 0 0
- 1 0 6
```

(2)
```
  4 0 3
- 2 2 4
```

(6)
```
  5 0 7
- 3 7 6
```

(3)
```
  5 2 0
- 4 9 2
```

(7)
```
  4 5 7 3
-   2 3 8
```

(4)
```
  6 0 8
- 1 0 9
```

(8)
```
  2 8 0 7
-   5 7 3
```

(9)
```
    3 0 0
 -  2 0 7
 _____
```

(13)
```
    3 0 7
 -  1 8 9
 _____
```

(10)
```
    2 0 5
 -  1 1 6
 _____
```

(14)
```
    4 7 0
 -  2 3 8
 _____
```

(11)
```
    6 0 0
 -  4 2 8
 _____
```

(15)
```
    6 0 5
 -  3 6 7
 _____
```

(12)
```
    7 0 0
 -  4 6 0
 _____
```

(16)
```
    9 1 2
 -  6 3 5
 _____
```

MD04 받아내림이 있는 (세 자리 수) - (세 자리 수) (4)

● 뺄셈을 하세요.

(1)
```
   2 0 2
 - 1 0 6
```

(5)
```
   4 0 6
 - 2 3 7
```

(2)
```
   4 0 0
 - 1 6 1
```

(6)
```
   6 0 0
 - 2 9 2
```

(3)
```
   5 0 3
 - 3 7 0
```

(7)
```
 1 3 5 2
 -   2 7 3
```

(4)
```
   9 0 0
 - 7 6 3
```

(8)
```
 2 9 2 3
 -   6 9 4
```

(9)
```
    3 0 0
  -   1 4 8
```

(13)
```
    8 0 3
  -   2 9 7
```

(10)
```
    5 0 7
  -   2 4 0
```

(14)
```
    7 0 0
  -   5 0 6
```

(11)
```
    4 0 0
  -   2 3 5
```

(15)
```
    8 1 0
  -   4 3 9
```

(12)
```
    7 0 3
  -   4 7 6
```

(16)
```
    9 0 1
  -   6 0 4
```

● 뺄셈을 하세요.

(1)
```
   2 0 0
 - 1 0 4
```

(5)
```
   5 0 1
 - 2 2 9
```

(2)
```
   4 0 0
 - 2 3 0
```

(6)
```
   3 0 5
 - 2 8 7
```

(3)
```
   3 0 1
 - 1 0 6
```

(7)
```
   3 4 7 0
 -   2 3 2
```

(4)
```
   2 5 1
 - 1 6 7
```

(8)
```
   4 5 0 3
 -   2 0 8
```

(9)
```
    6 0 0
 -  4 6 0
 _____
```

(13)
```
    9 0 0
 -  2 3 0
 _____
```

(10)
```
    7 0 3
 -  2 2 4
 _____
```

(14)
```
    7 0 0
 -  4 0 8
 _____
```

(11)
```
    8 0 0
 -  6 7 3
 _____
```

(15)
```
    8 0 6
 -  5 0 8
 _____
```

(12)
```
    6 0 7
 -  3 0 9
 _____
```

(16)
```
    9 1 0
 -  7 9 3
 _____
```

MD04 받아내림이 있는 (세 자리 수) - (세 자리 수) (4)

● 뺄셈을 하세요.

(1)
```
    4 0 0
  - 1 1 3
```

(5)
```
    2 1 0
  - 1 0 9
```

(2)
```
    3 0 2
  - 2 1 9
```

(6)
```
    3 2 7
  - 1 6 8
```

(3)
```
    4 0 4
  - 3 8 5
```

(7)
```
  4 7 3 0
  -   6 5 1
```

(4)
```
    5 0 0
  - 1 1 4
```

(8)
```
  5 3 0 0
  -   1 6 8
```

(9)
```
    6 0 0
  - 4 2 2
  ─────────
```

(13)
```
    6 0 3
  - 3 0 4
  ─────────
```

(10)
```
    9 0 4
  - 6 0 8
  ─────────
```

(14)
```
    3 2 6
  - 1 6 8
  ─────────
```

(11)
```
    7 0 0
  - 5 1 6
  ─────────
```

(15)
```
    8 0 6
  - 7 1 7
  ─────────
```

(12)
```
    7 1 0
  - 4 2 9
  ─────────
```

(16)
```
    9 0 0
  - 1 0 9
  ─────────
```

MD04 받아내림이 있는 (세 자리 수)−(세 자리 수) (4)

● |보기|와 같이 틀린 답을 바르게 고치세요.

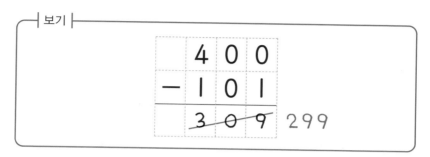

|보기|

```
  4 0 0
-   1 0 1
  3̶ 0 9̶   299
```

(1)
```
  6 0 0
- 4 0 2
  1 0 8
```

(3)
```
  5 0 3
- 3 0 6
  2 0 7
```

(2)
```
  4 0 5
- 1 0 8
  2 0 7
```

(4)
```
  9 0 5
- 4 2 0
  5 8 5
```

받아내림이 2번 있는 뺄셈에서 빼어지는 수의 십의 자리에 0이 있는 경우는 오답이 많이 생길 수 있으니 주의하세요.

(5)
```
    3 4 0
  -   5 7
  ───────
    2 9 3
```

(9)
```
    2 0 5
  -   6 8
  ───────
    1 4 7
```

(6)
```
    5 0 0
  -   5 8
  ───────
    4 5 2
```

(10)
```
    4 0 0
  -   7 9
  ───────
    4 0 1
```

(7)
```
    3 2 0
  -   3 4
  ───────
    2 9 6
```

(11)
```
    1 7 1
  -     3
  ───────
      6 8
```

(8)
```
    5 0 2
  -   9 5
  ───────
    4 1 7
```

(12)
```
    3 2 4
  -     6
  ───────
    3 0 8
```

MD04 받아내림이 있는 (세 자리 수) − (세 자리 수) (4)

● 틀린 답을 바르게 고치세요.

(1)
```
    7 1 0
  - 1 4 2
  ───────
    5 7 8
```

(5)
```
    3 4 0
  - 1 0 7
  ───────
    2 4 3
```

(2)
```
    8 0 0
  - 1 5 1
  ───────
    6 5 9
```

(6)
```
    2 0 0
  - 1 0 3
  ───────
    1 8 7
```

(3)
```
    9 0 3
  - 1 1 5
  ───────
    7 9 8
```

(7)
```
    7 4 0
  - 2 4 8
  ───────
    5 0 2
```

(4)
```
    6 0 7
  - 1 8 9
  ───────
    4 2 8
```

(8)
```
    8 0 0
  - 5 0 3
  ───────
    3 0 7
```

(9)
```
    6 0 0
  −   3 5
    5 7 5
```

(13)
```
    3 0 0
  −     2
    2 8 8
```

(10)
```
    7 4 0
  −   6 2
    6 8 8
```

(14)
```
    2 0 0
  −     7
    1 8 3
```

(11)
```
    8 3 0
  −   4 5
    7 9 5
```

(15)
```
    7 0 0
  −     5
    6 8 5
```

(12)
```
    9 0 0
  −   8 9
    8 2 1
```

(16)
```
    6 0 0
  −     4
    5 8 4
```

MD 단계 6권

학교 연산 대비하자

연산 UP

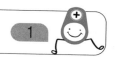

MD

연산 UP

1

● 뺄셈을 하시오.

(1)
```
    2 3 6
  - 1 2 8
  ───────
```

(2)
```
    3 4 8
  - 1 5 4
  ───────
```

(3)
```
    4 7 1
  - 3 2 5
  ───────
```

(4)
```
    5 0 6
  - 4 3 2
  ───────
```

(5)
```
    6 8 3
  - 3 6 2
  ───────
```

(6)
```
    7 1 4
  - 2 7 3
  ───────
```

(7)
```
    8 6 3
  - 6 5 8
  ───────
```

(8)
```
    9 2 5
  - 2 4 1
  ───────
```

(9)
```
    3 6 7
  - 2 7 5
  ─────────
```

(13)
```
    5 8 1
  - 2 1 8
  ─────────
```

(10)
```
    6 5 1
  - 5 2 4
  ─────────
```

(14)
```
    7 4 5
  - 4 2 7
  ─────────
```

(11)
```
    4 3 8
  - 2 7 6
  ─────────
```

(15)
```
    9 3 5
  - 4 8 3
  ─────────
```

(12)
```
    8 6 2
  - 7 5 9
  ─────────
```

(16)
```
    8 3 0
  - 3 1 4
  ─────────
```

MD

연산 UP

3

● 뺄셈을 하시오.

(1)
```
    4 5 6
-   1 8 4
─────────
```

(5)
```
    7 4 3
-   3 2 6
─────────
```

(2)
```
    5 8 2
-   3 1 7
─────────
```

(6)
```
    6 7 3
-   2 8 1
─────────
```

(3)
```
    9 1 7
-   8 3 6
─────────
```

(7)
```
    8 5 0
-   4 2 3
─────────
```

(4)
```
    7 3 5
-   5 1 9
─────────
```

(8)
```
    9 2 4
-   6 6 4
─────────
```

(9)
```
    5 2 6
  - 1 0 9
  -------
```

(13)
```
    6 1 4
  - 4 9 2
  -------
```

(10)
```
    8 4 5
  - 3 7 2
  -------
```

(14)
```
    9 1 3
  - 1 0 4
  -------
```

(11)
```
    9 6 2
  - 7 4 5
  -------
```

(15)
```
    7 6 6
  - 2 9 1
  -------
```

(12)
```
    7 5 8
  - 1 8 3
  -------
```

(16)
```
    8 3 5
  - 6 2 7
  -------
```

연산 UP

● 뺄셈을 하시오.

(1)
```
    6 2 4
  - 3 6 7
```

(5)
```
    8 6 0
  - 5 6 4
```

(2)
```
    8 1 5
  - 2 4 8
```

(6)
```
    7 3 2
  - 6 5 6
```

(3)
```
    7 6 3
  - 4 8 7
```

(7)
```
    6 0 7
  - 1 2 9
```

(4)
```
    9 4 1
  - 5 7 5
```

(8)
```
    9 2 6
  - 3 5 8
```

(9)
```
    7 6 2
  - 3 8 5
  ───────
```

(13)
```
    8 0 0
  - 7 1 5
  ───────
```

(10)
```
    8 1 4
  - 1 2 8
  ───────
```

(14)
```
    9 0 0
  - 4 8 3
  ───────
```

(11)
```
    9 5 3
  - 6 7 4
  ───────
```

(15)
```
    8 0 0
  - 4 1 8
  ───────
```

(12)
```
    7 2 5
  - 5 4 6
  ───────
```

(16)
```
    9 0 0
  - 2 0 6
  ───────
```

● 빈 곳에 알맞은 수를 써넣으시오.

(1)
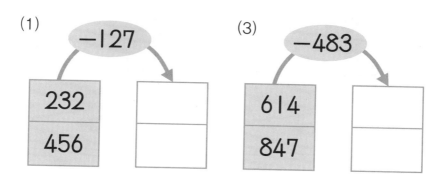

(3)

(2)
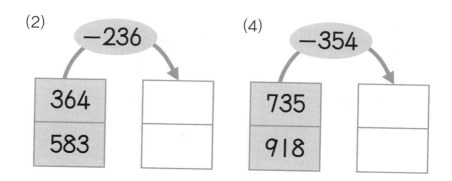

(4)

(5)

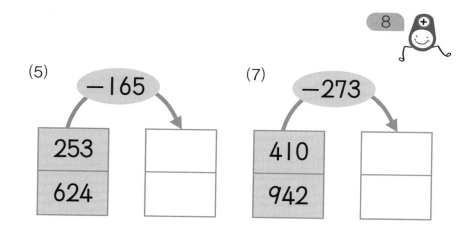

(7)

(6)

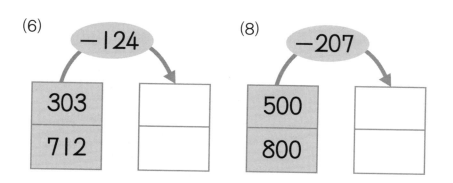

(8)

● 빈 곳에 알맞은 수를 써넣으시오.

(1)

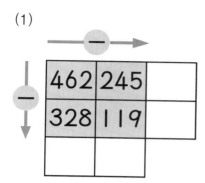

(3)

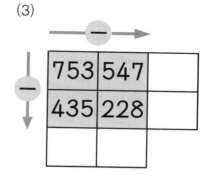

(2)

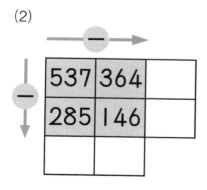

(4)

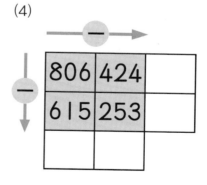

(5)
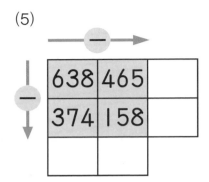

(7)
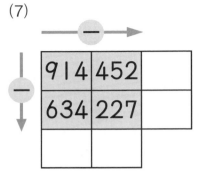

(6)
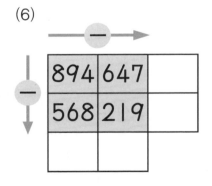

(8)
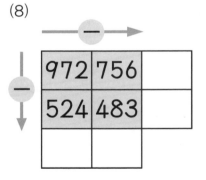

● 빈 곳에 알맞은 수를 써넣으시오.

(1)

	− →	
415	347	
236	179	

(3)

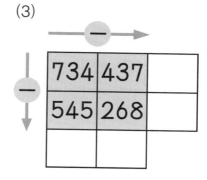

(2)

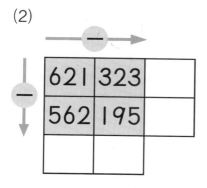

(4)

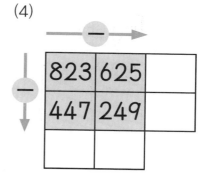

(5)

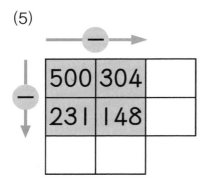

	– →	
500	304	
231	148	

(7)

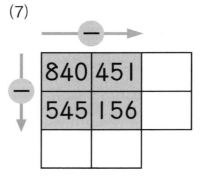

	– →	
840	451	
545	156	

(6)

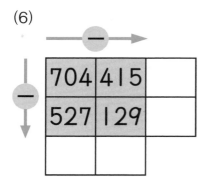

	– →	
704	415	
527	129	

(8)

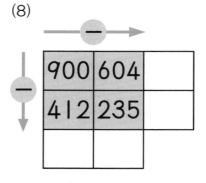

	– →	
900	604	
412	235	

● 다음을 읽고 물음에 답하시오.

(1) 예지는 동화책을 236쪽 읽었고, 수호는 동화책을 132쪽 읽었습니다. 예지는 수호보다 동화책을 몇 쪽 더 많이 읽었습니까?

(   )

(2) 어느 백화점의 지하 1층 주차장에는 248대의 자동차가 주차되어 있고, 지하 2층 주차장에는 153대의 자동차가 주차되어 있습니다. 지하 1층에는 지하 2층보다 자동차가 몇 대 더 많이 주차되어 있습니까?

(   )

(3) 체육 시간이 하빈이는 줄넘기를 130개 했고, 용준이는 104개 했습니다. 하빈이는 용준이보다 줄넘기를 몇 개 더 많이 했습니까?

(   )

(4) 두리네 학교에서 열린 미술 그리기 대회에 남학생이 **226**명, 여학생이 **153**명 참가하였습니다. 남학생은 여학생보다 몇 명 더 많이 참가하였습니까?

(   )

(5) 도넛 가게에서 하루에 도넛을 **370**개 만듭니다. 오늘 **343**개를 팔았다면 남아 있는 도넛은 몇 개입니까?

(   )

(6) 단추 가게에 꽃 모양 단추가 **456**개, 하트 모양 단추가 **282**개 있습니다. 꽃 모양 단추는 하트 모양 단추보다 몇 개 더 많습니까?

(   )

● 다음을 읽고 물음에 답하시오.

(1) 색종이 240장 중 123장으로 종이학을 만들었습니다.
남아 있는 색종이는 몇 장입니까?

(   )

(2) 지훈이가 아버지와 함께 밤을 254개 주웠습니다. 그
중 168개를 아버지가 주웠다면, 지훈이가 주운 밤은
몇 개입니까?

(   )

(3) 소민이네 학교의 학생 수는 425명입니다. 그중 안경
을 쓴 사람은 186명입니다. 소민이네 학교 학생 중 안
경을 쓰지 않은 학생은 몇 명입니까?

(   )

(4) 백화점에 오전에는 **232**명, 오후에는 **800**명이 방문하였습니다. 오후에는 오전보다 몇 명 더 많이 방문하였습니까?

(   )

(5) 문구점에서 오늘 하루 동안 **412**권의 공책 중에 **256**권을 팔았습니다. 문구점에 남아 있는 공책은 몇 권입니까?

(   )

(6) 농구 경기장에 남자 관람객이 **824**명, 여자 관람객이 **527**명 모였습니다. 농구 경기장에 모인 남자 관람객은 여자 관람객보다 몇 명 더 많습니까?

(   )

정 답

1	2	3	4	5	6	7	8
(1) 110	(9) 439	(1) 105	(9) 121	(1) 209	(9) 228	(1) 315	(9) 128
(2) 226	(10) 525	(2) 217	(10) 46	(2) 106	(10) 137	(2) 112	(10) 29
(3) 218	(11) 507	(3) 143	(11) 22	(3) 201	(11) 115	(3) 217	(11) 236
(4) 318	(12) 429	(4) 46	(12) 148	(4) 118	(12) 249	(4) 105	(12) 244
(5) 306	(13) 408	(5) 108	(13) 117	(5) 210	(13) 119	(5) 237	(13) 314
(6) 319	(14) 545	(6) 17	(14) 107	(6) 116	(14) 227	(6) 101	(14) 108
(7) 206	(15) 476	(7) 5	(15) 59	(7) 114	(15) 48	(7) 107	(15) 248
(8) 308	(16) 535	(8) 114	(16) 79	(8) 209	(16) 24	(8) 229	(16) 56

9	10	11	12	13	14	15	16
(1) 117	(9) 334	(1) 6	(9) 328	(1) 338	(9) 218	(1) 423	(9) 316
(2) 116	(10) 225	(2) 132	(10) 8	(2) 214	(10) 527	(2) 214	(10) 506
(3) 133	(11) 114	(3) 126	(11) 39	(3) 314	(11) 444	(3) 336	(11) 332
(4) 21	(12) 144	(4) 233	(12) 218	(4) 126	(12) 528	(4) 216	(12) 325
(5) 107	(13) 159	(5) 309	(13) 167	(5) 203	(13) 246	(5) 335	(13) 827
(6) 206	(14) 229	(6) 211	(14) 226	(6) 427	(14) 237	(6) 529	(14) 613
(7) 27	(15) 108	(7) 145	(15) 135	(7) 335	(15) 118	(7) 145	(15) 206
(8) 117	(16) 238	(8) 209	(16) 229	(8) 249	(16) 329	(8) 237	(16) 149

17	18	19	20	21	22	23	24
(1) 107	(9) 215	(1) 63	(9) 173	(1) 63	(9) 171	(1) 90	(9) 243
(2) 165	(10) 266	(2) 181	(10) 72	(2) 140	(10) 61	(2) 60	(10) 244
(3) 37	(11) 316	(3) 50	(11) 93	(3) 66	(11) 70	(3) 33	(11) 56
(4) 215	(12) 332	(4) 101	(12) 95	(4) 183	(12) 195	(4) 105	(12) 184
(5) 109	(13) 339	(5) 72	(13) 83	(5) 163	(13) 173	(5) 172	(13) 72
(6) 129	(14) 348	(6) 11	(14) 76	(6) 77	(14) 192	(6) 175	(14) 175
(7) 19	(15) 326	(7) 42	(15) 62	(7) 54	(15) 92	(7) 64	(15) 193
(8) 235	(16) 337	(8) 41	(16) 91	(8) 214	(16) 76	(8) 255	(16) 93

25	26	27	28	29	30	31	32
(1) 54	(9) 94	(1) 81	(9) 73	(1) 91	(9) 282	(1) 251	(9) 385
(2) 65	(10) 175	(2) 63	(10) 46	(2) 133	(10) 265	(2) 165	(10) 673
(3) 43	(11) 81	(3) 156	(11) 163	(3) 301	(11) 433	(3) 65	(11) 526
(4) 61	(12) 145	(4) 84	(12) 20	(4) 54	(12) 266	(4) 471	(12) 353
(5) 183	(13) 172	(5) 215	(13) 274	(5) 363	(13) 175	(5) 531	(13) 753
(6) 184	(14) 81	(6) 233	(14) 164	(6) 133	(14) 72	(6) 113	(14) 373
(7) 123	(15) 284	(7) 141	(15) 191	(7) 240	(15) 297	(7) 471	(15) 292
(8) 117	(16) 81	(8) 74	(16) 83	(8) 184	(16) 193	(8) 293	(16) 82

MD01

33	34	35	36	37	38	39	40
(1) 10	(9) 7	(1) 17	(9) 226	(1) 55	(9) 53	(1) 10	(9) 134
(2) 109	(10) 127	(2) 107	(10) 227	(2) 65	(10) 66	(2) 61	(10) 40
(3) 123	(11) 332	(3) 36	(11) 106	(3) 54	(11) 250	(3) 92	(11) 167
(4) 125	(12) 218	(4) 113	(12) 225	(4) 148	(12) 145	(4) 203	(12) 162
(5) 129	(13) 229	(5) 112	(13) 406	(5) 173	(13) 253	(5) 185	(13) 195
(6) 227	(14) 136	(6) 12	(14) 438	(6) 84	(14) 184	(6) 43	(14) 83
(7) 125	(15) 344	(7) 136	(15) 237	(7) 43	(15) 172	(7) 192	(15) 375
(8) 206	(16) 248	(8) 129	(16) 129	(8) 32	(16) 192	(8) 52	(16) 181

MD02

1	2	3	4	5	6	7	8
(1) 119	(9) 126	(1) 72	(9) 111	(1) 125	(9) 147	(1) 54	(9) 186
(2) 110	(10) 226	(2) 134	(10) 144	(2) 104	(10) 213	(2) 244	(10) 289
(3) 317	(11) 119	(3) 103	(11) 392	(3) 18	(11) 307	(3) 136	(11) 352
(4) 147	(12) 403	(4) 72	(12) 288	(4) 235	(12) 228	(4) 44	(12) 672
(5) 304	(13) 235	(5) 250	(13) 581	(5) 113	(13) 559	(5) 211	(13) 185
(6) 219	(14) 315	(6) 96	(14) 364	(6) 425	(14) 486	(6) 393	(14) 282
(7) 206	(15) 538	(7) 255	(15) 240	(7) 157	(15) 758	(7) 172	(15) 496
(8) 116	(16) 206	(8) 33	(16) 685	(8) 125	(16) 249	(8) 83	(16) 83

9	10	11	12	13	14	15	16
(1) 39	(9) 375	(1) 139	(9) 395	(1) 109	(9) 83	(1) 225	(9) 350
(2) 130	(10) 233	(2) 8	(10) 253	(2) 37	(10) 384	(2) 238	(10) 155
(3) 117	(11) 176	(3) 150	(11) 174	(3) 110	(11) 564	(3) 136	(11) 356
(4) 445	(12) 562	(4) 319	(12) 262	(4) 225	(12) 222	(4) 311	(12) 191
(5) 104	(13) 182	(5) 458	(13) 184	(5) 405	(13) 440	(5) 518	(13) 83
(6) 219	(14) 287	(6) 128	(14) 274	(6) 308	(14) 83	(6) 165	(14) 377
(7) 116	(15) 450	(7) 242	(15) 172	(7) 116	(15) 453	(7) 120	(15) 365
(8) 26	(16) 346	(8) 535	(16) 83	(8) 317	(16) 263	(8) 354	(16) 294

17	18	19	20	21	22	23	24
(1) 14	(9) 138	(1) 118	(9) 32	(1) 71	(9) 83	(1) 44	(9) 82
(2) 107	(10) 235	(2) 4	(10) 144	(2) 110	(10) 115	(2) 84	(10) 129
(3) 42	(11) 96	(3) 90	(11) 345	(3) 46	(11) 23	(3) 217	(11) 145
(4) 43	(12) 154	(4) 93	(12) 273	(4) 44	(12) 140	(4) 244	(12) 309
(5) 227	(13) 219	(5) 135	(13) 193	(5) 105	(13) 106	(5) 221	(13) 317
(6) 64	(14) 410	(6) 162	(14) 175	(6) 135	(14) 372	(6) 32	(14) 463
(7) 53	(15) 123	(7) 184	(15) 365	(7) 72	(15) 196	(7) 196	(15) 234
(8) 343	(16) 131	(8) 232	(16) 173	(8) 229	(16) 608	(8) 156	(16) 172

25	26	27	28	29	30	31	32
(1) 6	(9) 137	(1) 243	(9) 170	(1) 18	(9) 237	(1) 104	(9) 192
(2) 160	(10) 458	(2) 209	(10) 139	(2) 284	(10) 215	(2) 220	(10) 312
(3) 62	(11) 125	(3) 80	(11) 185	(3) 227	(11) 363	(3) 165	(11) 182
(4) 234	(12) 519	(4) 282	(12) 238	(4) 272	(12) 280	(4) 209	(12) 229
(5) 34	(13) 391	(5) 15	(13) 419	(5) 182	(13) 719	(5) 256	(13) 437
(6) 210	(14) 360	(6) 215	(14) 592	(6) 127	(14) 75	(6) 84	(14) 576
(7) 43	(15) 318	(7) 137	(15) 437	(7) 257	(15) 506	(7) 234	(15) 785
(8) 216	(16) 336	(8) 285	(16) 392	(8) 317	(16) 284	(8) 191	(16) 356

33	34	35	36	37	38	39	40
(1) 162	(9) 103	(1) 136	(9) 82	(1) 137	(9) 261	(1) 303	(9) 382
(2) 129	(10) 171	(2) 414	(10) 215	(2) 280	(10) 228	(2) 71	(10) 226
(3) 20	(11) 509	(3) 124	(11) 286	(3) 142	(11) 264	(3) 303	(11) 315
(4) 231	(12) 372	(4) 184	(12) 337	(4) 219	(12) 419	(4) 82	(12) 196
(5) 85	(13) 470	(5) 139	(13) 239	(5) 41	(13) 554	(5) 124	(13) 518
(6) 515	(14) 206	(6) 213	(14) 494	(6) 413	(14) 66	(6) 543	(14) 183
(7) 73	(15) 438	(7) 219	(15) 649	(7) 216	(15) 429	(7) 342	(15) 434
(8) 436	(16) 271	(8) 43	(16) 481	(8) 574	(16) 228	(8) 158	(16) 684

MD03

1	2	3	4	5	6	7	8
(1) 113	(9) 192	(1) 87	(9) 89	(1) 184	(9) 178	(1) 67	(9) 158
(2) 20	(10) 21	(2) 48	(10) 67	(2) 75	(10) 65	(2) 44	(10) 49
(3) 116	(11) 134	(3) 68	(11) 75	(3) 46	(11) 139	(3) 73	(11) 178
(4) 109	(12) 66	(4) 92	(12) 128	(4) 36	(12) 65	(4) 165	(12) 38
(5) 216	(13) 254	(5) 117	(13) 68	(5) 80	(13) 77	(5) 56	(13) 287
(6) 116	(14) 82	(6) 58	(14) 68	(6) 66	(14) 79	(6) 239	(14) 108
(7) 226	(15) 61	(7) 57	(15) 67	(7) 63	(15) 178	(7) 296	(15) 285
(8) 175	(16) 144	(8) 73	(16) 87	(8) 197	(16) 75	(8) 189	(16) 197

MD03

9	10	11	12	13	14	15	16
(1) 39	(9) 197	(1) 77	(9) 59	(1) 105	(9) 159	(1) 270	(9) 273
(2) 102	(10) 175	(2) 46	(10) 237	(2) 167	(10) 376	(2) 67	(10) 587
(3) 28	(11) 158	(3) 182	(11) 73	(3) 118	(11) 264	(3) 89	(11) 295
(4) 159	(12) 58	(4) 79	(12) 96	(4) 173	(12) 117	(4) 169	(12) 457
(5) 79	(13) 169	(5) 68	(13) 81	(5) 297	(13) 449	(5) 563	(13) 777
(6) 189	(14) 65	(6) 287	(14) 59	(6) 174	(14) 198	(6) 168	(14) 549
(7) 63	(15) 235	(7) 208	(15) 158	(7) 384	(15) 477	(7) 447	(15) 384
(8) 67	(16) 186	(8) 69	(16) 195	(8) 39	(16) 77	(8) 256	(16) 248

17	18	19	20	21	22	23	24
(1) 87	(9) 88	(1) 75	(9) 147	(1) 69	(9) 176	(1) 86	(9) 79
(2) 58	(10) 337	(2) 69	(10) 116	(2) 66	(10) 59	(2) 74	(10) 239
(3) 206	(11) 125	(3) 64	(11) 195	(3) 146	(11) 57	(3) 148	(11) 258
(4) 287	(12) 167	(4) 66	(12) 79	(4) 79	(12) 258	(4) 179	(12) 127
(5) 65	(13) 288	(5) 28	(13) 277	(5) 154	(13) 317	(5) 66	(13) 187
(6) 107	(14) 56	(6) 191	(14) 79	(6) 357	(14) 266	(6) 218	(14) 467
(7) 119	(15) 68	(7) 28	(15) 487	(7) 37	(15) 54	(7) 195	(15) 287
(8) 218	(16) 195	(8) 47	(16) 79	(8) 197	(16) 349	(8) 76	(16) 79

25	26	27	28	29	30	31	32
(1) 59	(9) 148	(1) 84	(9) 88	(1) 177	(9) 237	(1) 103	(9) 76
(2) 56	(10) 188	(2) 93	(10) 258	(2) 95	(10) 227	(2) 285	(10) 499
(3) 288	(11) 269	(3) 29	(11) 87	(3) 127	(11) 273	(3) 173	(11) 187
(4) 27	(12) 107	(4) 184	(12) 388	(4) 125	(12) 365	(4) 58	(12) 358
(5) 47	(13) 285	(5) 144	(13) 257	(5) 85	(13) 204	(5) 388	(13) 368
(6) 52	(14) 156	(6) 257	(14) 271	(6) 41	(14) 178	(6) 247	(14) 377
(7) 369	(15) 67	(7) 1191	(15) 162	(7) 1159	(15) 257	(7) 2076	(15) 307
(8) 146	(16) 285	(8) 1277	(16) 267	(8) 1459	(16) 387	(8) 1289	(16) 296

33	34	35	36	37	38	39	40
(1) 186	(9) 187	(1) 188	(9) 175	(1) 137	(5) 53	(1) 46	(9) 76
(2) 301	(10) 272	(2) 164	(10) 399	(2) 206	(6) 174	(2) 162	(10) 247
(3) 65	(11) 238	(3) 160	(11) 569	(3) 49	(7) 175	(3) 61	(11) 365
(4) 88	(12) 65	(4) 245	(12) 186	(4) 189	(8) 183	(4) 294	(12) 176
(5) 456	(13) 328	(5) 38	(13) 61		(9) 387	(5) 175	(13) 193
(6) 184	(14) 257	(6) 89	(14) 278		(10) 49	(6) 279	(14) 225
(7) 1177	(15) 178	(7) 3194	(15) 257		(11) 458	(7) 427	(15) 356
(8) 2168	(16) 379	(8) 1378	(16) 56		(12) 188	(8) 18	(16) 568

1	2	3	4	5	6	7	8
(1) 106	(9) 184	(1) 61	(9) 95	(1) 170	(9) 277	(1) 191	(9) 230
(2) 298	(10) 695	(2) 92	(10) 94	(2) 143	(10) 397	(2) 476	(10) 511
(3) 179	(11) 488	(3) 84	(11) 133	(3) 293	(11) 327	(3) 178	(11) 196
(4) 252	(12) 189	(4) 30	(12) 287	(4) 438	(12) 195	(4) 548	(12) 203
(5) 9	(13) 491	(5) 97	(13) 99	(5) 192	(13) 370	(5) 295	(13) 395
(6) 217	(14) 187	(6) 57	(14) 177	(6) 185	(14) 184	(6) 676	(14) 517
(7) 184	(15) 393	(7) 119	(15) 192	(7) 88	(15) 298	(7) 282	(15) 39
(8) 139	(16) 317	(8) 191	(16) 257	(8) 268	(16) 283	(8) 447	(16) 675

9	10	11	12	13	14	15	16
(1) 405	(9) 573	(1) 106	(9) 123	(1) 248	(9) 366	(1) 552	(9) 747
(2) 118	(10) 108	(2) 69	(10) 188	(2) 227	(10) 475	(2) 581	(10) 767
(3) 44	(11) 272	(3) 21	(11) 150	(3) 235	(11) 337	(3) 638	(11) 732
(4) 289	(12) 556	(4) 57	(12) 159	(4) 266	(12) 477	(4) 578	(12) 788
(5) 427	(13) 478	(5) 50	(13) 183	(5) 286	(13) 410	(5) 688	(13) 878
(6) 87	(14) 888	(6) 109	(14) 167	(6) 255	(14) 414	(6) 708	(14) 805
(7) 182	(15) 578	(7) 36	(15) 207	(7) 240	(15) 327	(7) 569	(15) 824
(8) 398	(16) 788	(8) 58	(16) 177	(8) 236	(16) 415	(8) 618	(16) 880

17	18	19	20	21	22	23	24
(1) 112	(9) 477	(1) 108	(9) 93	(1) 196	(9) 334	(1) 598	(9) 896
(2) 125	(10) 604	(2) 95	(10) 104	(2) 192	(10) 393	(2) 597	(10) 699
(3) 268	(11) 582	(3) 99	(11) 99	(3) 197	(11) 519	(3) 698	(11) 625
(4) 421	(12) 888	(4) 99	(12) 99	(4) 297	(12) 396	(4) 656	(12) 793
(5) 406	(13) 507	(5) 97	(13) 92	(5) 225	(13) 498	(5) 696	(13) 938
(6) 147	(14) 617	(6) 98	(14) 108	(6) 298	(14) 497	(6) 694	(14) 898
(7) 249	(15) 708	(7) 99	(15) 94	(7) 324	(15) 396	(7) 818	(15) 897
(8) 319	(16) 957	(8) 106	(16) 97	(8) 499	(16) 396	(8) 794	(16) 796

25	26	27	28	29	30	31	32
(1) 200	(9) 558	(1) 177	(9) 97	(1) 84	(9) 93	(1) 96	(9) 152
(2) 297	(10) 807	(2) 195	(10) 71	(2) 179	(10) 89	(2) 239	(10) 267
(3) 399	(11) 279	(3) 297	(11) 188	(3) 28	(11) 172	(3) 133	(11) 165
(4) 515	(12) 336	(4) 258	(12) 43	(4) 499	(12) 240	(4) 137	(12) 227
(5) 392	(13) 192	(5) 187	(13) 292	(5) 94	(13) 118	(5) 169	(13) 506
(6) 117	(14) 382	(6) 123	(14) 241	(6) 131	(14) 232	(6) 308	(14) 194
(7) 408	(15) 358	(7) 1300	(15) 233	(7) 4335	(15) 238	(7) 1079	(15) 371
(8) 286	(16) 188	(8) 2212	(16) 169	(8) 2234	(16) 277	(8) 2229	(16) 297

33	34	35	36	37	38	39	40
(1) 96	(9) 140	(1) 287	(9) 178	(1) 198	(5) 283	(1) 568	(9) 565
(2) 170	(10) 479	(2) 83	(10) 296	(2) 297	(6) 442	(2) 649	(10) 678
(3) 195	(11) 127	(3) 19	(11) 184	(3) 197	(7) 286	(3) 788	(11) 785
(4) 84	(12) 298	(4) 386	(12) 281	(4) 485	(8) 407	(4) 418	(12) 811
(5) 272	(13) 670	(5) 101	(13) 299		(9) 137	(5) 233	(13) 298
(6) 18	(14) 292	(6) 159	(14) 158		(10) 321	(6) 97	(14) 193
(7) 3238	(15) 298	(7) 4079	(15) 89		(11) 168	(7) 492	(15) 695
(8) 4295	(16) 117	(8) 5132	(16) 791		(12) 318	(8) 297	(16) 596

1	2	3	4
(1) 108	(9) 92	(1) 272	(9) 417
(2) 194	(10) 127	(2) 265	(10) 473
(3) 146	(11) 162	(3) 81	(11) 217
(4) 74	(12) 103	(4) 216	(12) 575
(5) 321	(13) 363	(5) 417	(13) 122
(6) 441	(14) 318	(6) 392	(14) 809
(7) 205	(15) 452	(7) 427	(15) 475
(8) 684	(16) 516	(8) 260	(16) 208

5	6	7	8
(1) 257	(9) 377	(1) 105, 329	(5) 88, 459
(2) 567	(10) 686	(2) 128, 347	(6) 179, 588
(3) 276	(11) 279	(3) 131, 364	(7) 137, 669
(4) 366	(12) 179	(4) 381, 564	(8) 293, 593
(5) 296	(13) 85		
(6) 76	(14) 417		
(7) 478	(15) 382		
(8) 568	(16) 694		

9	10	11	12

(1)

	— →	
462	245	217
328	119	209
134	126	

(2)

	— →	
537	364	173
285	146	139
252	218	

(3)

	— →	
753	547	206
435	228	207
318	319	

(4)

	— →	
806	424	382
615	253	362
191	171	

(5)

	— →	
638	465	173
374	158	216
264	307	

(6)

	— →	
894	647	247
568	219	349
326	428	

(7)

	— →	
914	452	462
634	227	407
280	225	

(8)

	— →	
972	756	216
524	483	41
448	273	

(1)

	— →	
415	347	68
236	179	57
179	168	

(2)

	— →	
621	323	298
562	195	367
59	128	

(3)

	— →	
734	437	297
545	268	277
189	169	

(4)

	— →	
823	625	198
447	249	198
376	376	

(5)

	— →	
500	304	196
231	148	83
269	156	

(6)

	— →	
704	415	289
527	129	398
177	286	

(7)

	— →	
840	451	389
545	156	389
295	295	

(8)

	— →	
900	604	296
412	235	177
488	369	

13	14	15	16
(1) 104쪽	(4) 73명	(1) 117장	(4) 568명
(2) 95대	(5) 27개	(2) 86개	(5) 156권
(3) 26개	(6) 174개	(3) 239명	(6) 297명